U0246278

新
思
THINKR

有思想和智识的生活

创世记

GENESiS

The Deep Origin
of Societies

Edward O. Wilson

从细胞到文明，
社会的深层起源

[美] 爱德华·威尔逊——著

傅贺——译 叶凯雄——译校

中信出版集团 | 北京

图书在版编目（CIP）数据

创世记：从细胞到文明，社会的深层起源 / (美)
爱德华·威尔逊著；傅贺译. -- 北京：中信出版社，
2019.5
（边际新知）
书名原文：Genesis: The Deep Origin of
Societies
ISBN 978-7-5217-0462-4

Ⅰ. ①创… Ⅱ. ①爱… ②傅… Ⅲ. ①进化论 Ⅳ.
①Q111

中国版本图书馆CIP数据核字(2019)第074073号

创世记：从细胞到文明，社会的深层起源

著　　者：[美] 爱德华·威尔逊
译　　者：傅贺
译　　校：叶凯雄
出版发行：中信出版集团股份有限公司
　　　　　（北京市朝阳区惠新东街甲4号富盛大厦2座　邮编　100029）
承 印 者：河北鹏润印刷有限公司

开　　本：880mm×1230mm　1/32　　印　　张：4.75　　字　　数：75千字
版　　次：2019年5月第1版　　　　　印　　次：2019年5月第1次印刷
京权图字：01-2018-2932　　　　　　广告经营许可证：京朝工商广字第8087号
书　　号：ISBN 978-7-5217-0462-4
定　　价：42.00元

目录

引言　*iii*

第一章　寻找创世记　*01*

第二章　演化史上的大转变　*17*

第三章　大转变的两难问题及其解决之道　*31*

第四章　追踪漫长的社会演化过程　*41*

第五章　迈进真社会性的最后几步　*55*

第六章　群体选择　*77*

第七章　人类的故事　*107*

参考文献与拓展阅读　*131*

作者致谢　*141*

译者致谢　*142*

引言

事关人类处境的一切哲学问题，归根结底，只有三个：我们是谁？我们从哪里来？我们最终要到哪里去？第三个问题至关重要，因为它关系到我们的命运与未来。然而，要回答第三个问题，我们必须对前两个问题有准确的把握。总体而言，对于前两个涉及人类历史以及人类出现之前更远古的历史的问题，哲学家们缺少确凿可证的回答，于是，他们也无力回答事关人类未来的第三个问题。

在我漫长的职业生涯里，我一直在研究动物与人类的社会行为的生物学原理。如今探索之旅临近终点，我才明白，为什么前人的自省没有澄清这些关系到人类存在的根本性问题，即使是那些最有智慧的思想家也不例外；以及，更重要的是，为什么这些问题始终受困于宗教教义与政治教条的枷锁。首要原因在于，虽然科学及其伴生的技术以指数级速度发展，知识总量每十年或几十年就翻一番（具体速度因学科而异），但直到最近，科学才开始用客观且有说服力的方式来解答人类存在意义的问题。

回顾历史，在很长一段时间里，人类存在意义的问题都被宗教组织掌控着。在宗教的创始人和后继领袖们看来，人类存在意义的问题不难回答：是诸神把我们置于地球上的，然后诸神告诉我们如何为人、如何行事。

地球上有 4 000 多种不同的宗教幻想，为什么现在还有人仍然相信其中一个，而非其他？答案是部落意识（tribalism）。稍后我会谈到，部落意识是人类的起源方式带来的一个后果。每一个有组织的或者公开的宗教，以及许多类似宗教的意识形态团体，都是一个部落、一个紧密团结的群体，都有自己独特的一套故事（story）。这套故事包含的历史经验与道德规训往往多姿多彩，甚至不无怪诞，但基本上被认为是不可变

　　　　　　　创世记：从细胞到文明，社会的深层起源

更的，而且更重要的是，它自认为比所有其他与之竞争的故事都更优越。这套故事赋予了其部落成员特殊的地位：他们不仅在地球上独一无二，就是在宇宙里兆亿个星系中无数的行星上也与众不同。这怎能不让部落成员为之鼓舞？

最妙的是，只要皈依这个信仰体系，部落就会担保你将获得永生。

在1871年出版的《人类的由来》一书里，查尔斯·达尔文把人类起源的整个主题带进了科学探索的视野，并提出人类是非洲猿类的后裔。虽然这个论点在当时无异于石破天惊，并且许多人至今也不接受，但这个假说却被后续研究证明是正确的。从猿类到人类的大转变是如何发生的？自这个问题提出之后，我们对它的理解不断进步，这主要归功于古生物学、人类学、心理学、演化生物学和神经科学这5个领域里全球科学家的共同努力。因此，时至今日，我们对于人类起源的真正故事有了更清晰的认识。我们具备了相当充分的知识来回答人类的起源问题，包括起源的时间和方式。

如今我们得到的关于起源的真正故事，不仅跟神学家最初相信的大相径庭，就连大多数科学家和哲学家也感到意外。但是，它跟目前已知的其他 17 种生物的演化历史都吻合，这些生物都拥有基于利他主义与合作的高等级社会。这些主题在下一章里将会谈到。

　　在余下的篇章，我还会探讨一个与此密切相关的主题，科学家们也才刚刚开始进行这方面的探索——是什么力量创造了我们？到底是什么取代了诸神？对这些问题，科学界内部尚未达成共识，我在讨论时也会力求全面公允。

第一章

寻找创世记

人类要长期生存繁衍，关键是要有全面、正确的自我认知。认知的对象不仅是过去 3 000 年有文字记录的历史，也不仅是始于 1 万年前新石器技术革命的文明史，而是要一直追溯到 20 万年前智人（*Homo sapiens*）刚刚出现的时刻。不仅如此，我们还需进一步追溯人类出现之前几百万年的生物演化史。有了这种自我认知，我们才能自信地回答这两个终极哲学问题：什么力量创造了我们？又是什么取代了我们的先辈曾经信奉的诸神？

如下陈述可以被视为几近确凿的事实：人类的身体与心灵都有其物质基础，并遵循一定的物理和化学规律。人体内的所有成分，就科学已经探索过的和正在探索的部分而言，都是通过自然选择演化而来的。

下面继续陈述基本事实。演化是指一个物种的种群内基因频率的变化。物种被定义为（虽然这个定义并不完美）一个或多个种群，它们的内部成员能自由交配，或是在自然条件下能自由交配。

基因演化的单元是一个基因，或者是相互关联的多个基因。自然选择的目标是适应环境。在特定的环境下，自然选择会偏好一个基因的某种特定形式（等位基因）。

在生物社会的组织形成过程中，自然选择总是在多个层次上发生作用。在一些"超个体"（superorganism）[1]的例子（比如少数蚂蚁和白蚁）里，地位较低的成员会形成无法生育的工作阶级，除此之外，群体内的大多数成员都会彼此竞争，争夺地位、配偶和公共资源。自然选择同时在群体的多个层次发挥作用，影响着每个群体相对于其他群体的竞争优势。个体是否会形成群体，如何形成群体，以及群体组织是否会变得更复杂，后果如何，所有这一切都依赖于其成员的基因，

---

[1] 超个体，指组织特征类似于一个生物体的物理特征的任何社会（如真社会性昆虫物种的集群）。——编者注

　　　　　　　　创世记：从细胞到文明，社会的深层起源

以及命运为它们安排的环境。要理解演化规律如何包含着多个层次的自然选择，我们不妨先来考虑一下这些层次都是什么。生物演化指的是一个种群内的基因组成发生了变化。这个种群包含着整个物种内的，或者这个物种在一定地理范围内的所有可以自由交配的成员。自然条件下所有可以自由交配的个体组成了一个物种。就人类而言，欧洲人、非洲人、亚洲人可以自由交配（只要文化隔阂不是问题），因此我们属于同一个物种。狮子和老虎在圈养环境下可以杂交，但在南亚的自然环境下，它们即使生活在一起也不会交配，因此，它们属于不同的物种。

自然选择，即生物演化的驱动力，可以用一句话来总结：突变提案，环境筛选（mutation proposes, the environment disposes）。突变是种群内基因的随机变化，它们的出现方式有三种：（1）一段基因的 DNA（脱氧核糖核酸）序列发生变化；（2）染色体上基因的拷贝数发生变化；（3）染色体上基因的位置发生变化。如果基因突变改变了生物的某个性状，使生物更适应它所在的环境，繁衍得更快更好，那么突变基因就会随之复制，在种群里传播，于是突变基因的频率就会增加。相反，如果基因突变不利于生物适应环境，那么突变基因就会保持在较低水平，甚至完全消失。

我们不妨设想一个例子，来简单地进行解释（当然，没有哪个真实的例子会像教科书上写的那么简单）。假设有一个鸟群，其中 80% 的鸟有绿色的眼睛，20% 有红色的眼睛。再假设绿眼睛的鸟的死亡率更低，因此会留下更多后代。于是，到了下一代，绿眼睛的鸟已经占了 90%，而红眼睛的鸟只有 10% 了。通过自然选择，演化就这样发生了。

要把握演化的进程，极为重要的一点是以科学的方式来回答两个不可避免的问题。第一，每一种可以测量的性状差异，比如大小、肤色、性格、智力与文化，多大程度上是由遗传决定的，多大程度上是由环境决定的？答案因性状而异，而且也不是简单的是或否。相反，我们需要考虑的是"遗传率"（heritability），即在特定时间、特定种群内变异的数量。眼睛的颜色几乎是完全可遗传的，因此可以说，眼睛的颜色是"可遗传的"（hereditary）或"基因决定"的。另一方面，肤色的遗传率较高，但不是完全由遗传决定的，它不仅依赖于遗传因素，也取决于日晒程度和防晒霜的使用程度。性格和智力的遗传率较为一般。一个善良、外向的天才可能生于贫穷落魄之家，而达官显贵的豪宅里也不乏张扬跋扈的蠢材。因此，对于一个健康的社会而言，其教育系统必须要兼顾所有社会成员的潜能与需要。

那么，人类的不同种族之间的遗传差异足够大（遗传率足够高）吗？或者，用更专业的话说，人类有不同的亚种吗？我之所以提起这个话题，是因为在美国，种族问题依然是一个雷区，只考虑自我利益的政客们，无论是左派还是右派，都战战兢兢，顾左右而言他。要解决这个问题，我们需要做的是绕过雷区，用理性加以分析。种族也是一个种群，而其划分几乎总有随意的因素。除非这些种群是各自分开的，并且在一定程度上相互隔离，否则区分种族的意义不大。原因在于，当遗传性状在特定区域内的一个物种里发生变异时，它们往往不会按规律出牌。比如，在整个物种范围内，体型可能有南北差异，肤色有东西之别，而饮食习惯呈斑点状分布。其他无数种遗传性状也可以如此分类，而且越分越细，直到地理分布的真正模式被无望地细分成许许多多的小"种族"。

在每一个种群中，演化都一直在进行着。在极端的情况下，它的节奏是如此之快，以至于在一代之间就能创造出一个新物种。在另一个极端，演化的速率是如此之慢，以至于有些物种的典型性状与它们远古时代的祖先相差无几。这些演化缓慢的生物，通常也称为"孑遗生物"或"活化石"。

一个相对迅速的演化案例：在过去的 100 万年里，原始人类的脑迅速生长。能人（*Homo habilis*）[1]的脑容积大约是 900 毫升，但到了它们的后裔智人那里，脑容积就达到了 1 400 毫升。与此恰恰相反的是，在过去 1 亿年里，苏铁和鳄鱼的变化极小，它们是真正的"活化石"。

现在，我们来讨论社会生物学里的另一个主题——表型（phenotypic）[2]的灵活性，即表型在不同环境下的变化幅度——它对理解生物组织演化至关重要。这种灵活性的性质与幅度也是遗传性状，因此它们也能演化。在一个极端状况

---

[1] 能人，是人科人属中的一个种，生存在大约 200 万年前，是南方古猿和直立人的中间类型。——编者注
[2] 表型，在个体的遗传组成与环境因素的共同影响下，生物体形成的可被实际观察到的性状。与之相对的概念是基因型。——编者注

下，决定灵活性的基因可能被自然选择塑造得只允许一种性状变成现实，比如一个人的眼睛只能有一种颜色；在另一个极端，灵活性基因也可以演变得允许多种可能的性状，每一种性状都能使生物体应对其所在环境里的独特挑战。在这种情况下，表型的灵活性依然规定了一套严格的遗传法则，这就好比规定说"要吃新鲜的食物，不吃腐败的食物"（当然，如果你是绿头苍蝇或者秃鹫，则另当别论）。

这种受基因决定的表型可塑性（phenotypic plasticity）实在是非常微妙，简短的描述恐怕无法充分传达其内涵。比如，一个物种的基因会发生变化，开启心理学家所谓的"先备学习"（prepared learning）能力。先备学习，指的是一种快速学习的倾向，使生物对某些特定的刺激做出更强烈的反应。最常见的一个例子就是"印记"（imprinting）。年幼的动物只需要一次经历就能从环境中认出一种外貌或者嗅出一种气味，从此就只追随它。新孵出的小鹅不仅会追随鹅妈妈，也会追随它孵出之后见到的第一个移动的物体。新出生的羚羊会马上记住它母亲的气味，同样，羚羊妈妈也会记住它后代的气味。一只蚂蚁在孵化成熟的头几天内，会记住其出生蚁穴的气味，并终生为之效力。如果一只蚂蚁在不成熟的幼虫阶段就被另一个蚁群捉去做了奴隶，它就会记住外族蚁穴的气味，并攻击亲生姐妹们。

　　表型可塑性有一个尤其显著的范式，出现在尼罗多鳍鱼（*Polypterus bichir*）身上。这是一种有肺的鱼，它们可以离开水域在陆地上爬行。研究人员认为，多鳍鱼和世界上其他的有肺鱼类，与从 4 亿多年前的古生代开始离开水域的远古生物是近亲，而这些远古生物后来演化成了在陆地上生活的两栖动物。换言之，多鳍鱼是连接海洋与陆地这两个世界的演化线索。最近，渥太华大学的埃米莉·M. 斯坦登（Emily M. Standen）和她的同事做了一系列实验，为这种猜想提供了支持。他们把新孵出的多鳍鱼在陆地上圈养了 8 个月，然后跟其他在水里长大的多鳍鱼混养在一起。与水生的多鳍鱼相比，陆地上长大的多鳍鱼爬得更快，而且移动得更灵活。它们的脑袋抬得更高，尾巴摆动得更少，甚至生理结构也发生了变化：它们身体后半部分骨骼的生长方式变得更利于鱼鳍发力，以发挥腿的功能。

图 1 尼罗多鳍鱼是一种有肺的鱼，在它的生命周期里，它可以调整自己鳍的结构和动作以适应陆地或水域环境，人们普遍认为，这个例子说明了最初的脊椎动物（包括人类的远古祖先）是如何征服陆地的

"科学家认为，演化不只是一个理论，更是一个已被确证的事实。通过野外观察与实验，科学家已经令人信服地证明，自然选择作用于随机突变，正是演化的实现方式。"

在现存的生物中，诸如此类的例子还有不少，这表明负责结构与行为的基因的可塑性表达（plastic expression）能促进适应过程中的重大变化——在大转变（下一章我们会展开讨论）中，情况很可能就是如此。

我们还可以进一步提出，蚂蚁和白蚁里等级（castes）的倍增都是由于表型可塑性的演化而出现的。做出这个观察的，正是达尔文本人；据他自己的陈述，他也是借此挽救了基于自然选择的演化理论。之前，伟大的博物学家们面对工蚁几乎一筹莫展，因为他们不知道该如何解释这些高度特化的不育雌性。在《物种起源》里，达尔文写道："有一个特别的难点，乍看起来无法克服，并且实际上对我的整个理论提出了致命的挑战。我指的就是昆虫群落里的中性个体或不育的雌性，因为这些中性个体在本能和构造上常与雄性和能育的雌性有很大的差异。然而，由于不育，它们无法繁殖出类似自身的后代。"

达尔文在《物种起源》里的解决思路可以说是"基因的灵活性演化"（evolution of flexibility of genes）概念的先声，并引出了群体选择的观念。在群体选择过程中，高级的社会演化是由整个群体，而非个体的遗传性状驱动的，其中的个体只是自然选择的靶标：

> 如果我们记住，选择作用既适用于个体也适用于族群，并可由此获得所需的结果，上述看似无法克服的难点便会弱化，抑或如我所相信的，便会消除。一棵味道不错的蔬菜下锅了，作为个体的它被消灭了；但园丁播下同一品种的种子，就可以信心十足地期待着再得到几乎相同的品种……因此，我相信社会性的昆虫也是如此：若同群中某些成员的不育状态相关的构造或本能上的细微变异，对该群体来说是有利的，那么该群体内能育的雄性和雌性得以繁盛，并且把产生具有相同变异的不育成员的这一倾向，传递给了其能育的后代。而且，我相信这个过程一直在重复，直到同一物种的能育雌性和不育雌性之间产生了巨大的差异，正如我们在很多社会性昆虫中见到的那样。[1]

---

[1] 本段引文参考了苗德岁译的《物种起源》(译林出版社，2013 年版)，个别字句有调整。——译者注

创世记：从细胞到文明，社会的深层起源

为了挽救他的演化理论，达尔文已经预示了这两种状况，即基因表达的受控灵活性与群体选择。接下来，我要讨论的是这两个概念如何帮助演化理论取得了后来的长足发展，促成了我们当代理解的演化观念，揭示了社会的起源以及我们在世界中的位置。

第二章

演化史上的大转变

地球生物的历史始于生命自发形成的那一刻。在数十亿年的时间里，生命先形成细胞，再形成器官，又形成组织，最后，在过去两三百万年里，生命终于创造出了有能力理解生命史的生物。人类，具备了可无限拓展的语言与抽象思维能力，得以想象出生命起源的各个步骤——"演化史上的大转变"。它的顺序如下：

1. 生命的起源；

2. 复杂（真核）细胞的出现；

3. 有性繁殖的出现，由此产生了DNA交换与物种倍增的一套受控系统；

4. 多细胞生物体的出现；

5. 社会的起源；

6. 语言的起源。

你我体内还残留着一些痕迹，它们记录了生命历史的每一次大转变。首先，是微生物，在我们的消化道内和身体各处，都有熙熙攘攘的细菌，这些细菌的数目是人体细胞的10倍。其次，是人体细胞，在很早的时候，人体细胞的祖先与一些微生物细胞发生了融合，变得更加复杂，从而有了线粒体、核糖体、核膜与其他细胞器，使得今天的细胞形式如此高效。融合之后的细胞被称为"真核细胞"，以区别于细菌的较为简单的"原核细胞"。再次，是器官，这是由大量的真核细胞组成的结构，在水母、海绵和古代海洋中的其他生物体内都能发现它。最后，出现了人类。在遗传基因的决定下，通过语言、本能与社会经验的复杂融合，不同的人类个体组成了社会。

于是，没有任何确切目的，仅仅凭借着变幻无常的突变与自然选择前行，在爬行动物时代就出现了的导向系统的引领下，经过38亿年，这副包裹着盐水、两足直立、以骨骼支架撑起来的身体，终于跌跌撞撞地来到了今天——我们可以站立、行走，在必要的时候还可以奔跑。我们体液（占了身体 80% 的体重）里的许多化合物与分子跟远古海洋的组分大体一致。我们的思想和文学依然受到一种广为流传的信念的激励，即所有生命的历史以及生命出现之前的历史，包括每一次大转变，其目的似乎都是让我们在地球上出现。有人试图论证，从 38 亿年前生命诞生伊始，一切都是为了我们人类的出现。智人走出非洲，分散到世界各地，这似乎也是事先安排好的。这意味着人类可以统治这颗星球，有权随心所欲地对待地球，而且这是一种不可剥夺的权利。这个错误的观念，在我看来，正是人类真正处境的反映。

因此，我们不妨来更细致地观察一下这些大转变。第一个转变，也是最难以想象的转变，就是生命本身的起源。人们已经对这次事件尝试过非常广泛并且精确的构想，但是许多细节仍然很模糊。普遍的共识是，地球上出现的第一种生物体，非常近似于细菌和古菌，是由原始海洋中的分子通过无数种随机结合的尝试而自我组装成的复制系统。生命诞生的具体地点还不清楚，但目前的理论倾向于认为，这发生在深海火山口附近。在大洋底部的裂缝里，富含化合物的水不断受热、翻腾，自从远古时代起就一直如此。以海底迸发出的各种浮沫为中心，向外形成了大量的物理和化学梯度环境，这为分子的随机组合提供了天然的实验室。

这一切是如何开始的？要更深入地理解生命起源的地点与方式，我们需要等到生物学家在实验室利用人工合成的化合物，重建出类似于原始生物的有机体。

如果能在地外星球上发现生命，无论这颗星球是近是远，我们都会学到很多东西。在我们的太阳系里，最可能的地点是火星上深达千米的含水层。让我们钻探来看看！也许更有希望的地点是木星的卫星欧罗巴（Europa）上被冰层覆盖的海洋，它表面上深深的裂缝方便了我们的探索。我们可以钻探到冰层下方的液态水中，观察个究竟。最近，人类在这种规模的工程技术上取得了重大突破：我们钻探了南极厚厚的冰盖，取出了东方湖（lake of Vostok）[1]里百万年前留下的水。令人惊叹的是，研究人员从中发现了种类繁多的生命体，亟

---

[1] 东方湖，又译沃斯托克湖，位于俄罗斯的南极考察站东方站下方，湖面在冰层下近4 000米处，是世界上最大的冰下湖。——编者注

创世记：从细胞到文明，社会的深层起源

待生物学家进行深入研究。

另外一个很可能的候选地点，是土星的卫星恩克拉多斯（Enceladus）[1]。在它的表面，有持续喷发出的灼热泡沫，在泡沫的四周可能会有汇聚而成的液态水。这些水很快就会蒸发，进入土星环，但是在它形成临时性的水泊之后，其中（也许！）会有生命存在。

无论是在实验室里合成出生命体，还是在太阳系的其他星球上发现地外生命，它们的影响力都会极为惊人，将深刻地改变科学在未来的发展，它们将成为生命演化史上的第七次和第八次大转变。

再来说演化史上的第二个大转变，即细菌水平的原核细胞变成了更加复杂的真核细胞（人体细胞就是真核细胞）。这一步，大约是在 15 亿年前完成的。一些原始细胞主要通过与其他细胞的融合，获得了线粒体、核膜、核糖体和其他细胞

---

[1] 恩克拉多斯即土卫二。——译者注

器。这些细胞器组合在一起，在新的细胞内成为更为有效的劳动分工要素，并且为下一步更大、更复杂的生物体的出现奠定了基础。

第三个突破，即性的出现——细胞之间进行受控的、规律的 DNA 交换——使生命产生了更多的变异来适应环境。于是，演化也开始同步加速。

第四个大转变，是真核细胞组成多细胞生物体。类似于细胞内细胞器的分工合作，多个细胞联结起来、紧密合作，组成了生物体，产生出特化的器官与组织，于是，生命的大小与形式也变得更为多样。根据目前已知的最古老的化石，我们可以推断出最早的多细胞生物体，包括动物的祖先，起码起源于 6 亿年之前。

第五个转变，是同一物种内的许多个体组成了群体。这一步转变的顶峰，就是出现了真社会性（eusociality）群体，这意味着高水平的合作与劳动分工，还有一些特化个体比其他成员繁殖得更少。换言之，真社会性生物实践的是利他主义。目前已知最早形成真社会群落的是白蚁，可以追溯到约2亿年前的早白垩世。在白蚁出现之后，又过了大约5 000万年，蚂蚁出现了。白蚁分解死去的植物，蚂蚁分解死去的白蚁和其他小型猎物，于是，它们联手主宰了昆虫世界的生态系统。在非洲的原始人类里，真社会性最有可能是在能人身上出现的，距今至少有200万年了。

可以设想，群体内不同个体之间的合作源于不同形式的互动，并在互动中演化。首先，是亲缘选择（kin selection）[1]，一个个体的行为可以促进非直系亲属的生存与繁衍。亲缘程度越高（比如，亲兄弟姐妹就高于表兄弟姐妹），这种影响就越大。即使利他主义者遭受了损失，由于其他亲属也携带着跟他们自己一样的基因，这些基因仍然会受益。比如，大多数人可能会冒着失去生命或财富的危险去帮助一位兄弟，但对于第三代远亲可能就不会如此。从直觉来看，亲缘选择很有可能在群体里助长偏袒行为，但在某些情况下，它也有助于创造新群体。

---

[1] 亲缘选择，指由于对一个或多个个体的基因选择而引起有利或不利于与其具有相同基因的个体的选择。——编者注

第二种促进合作出现的行为是直接互惠，即个体之间的交易。乌鸦、黑长尾猴和黑猩猩等许多动物都比较容易形成群体，因为它们会召集同伴，共享新发现的食物。单只鸣禽会与其同类以及其他物种"纠集成群"，骚扰并驱赶试图在它们住处附近安家的老鹰和猫头鹰。

无论是通过亲缘关系还是个体之间的交易，合作都可以由间接的互惠引发，一个个体加入群体的收益又会进一步扩大它自身的利益。如果你使一只椋鸟与其所属的椋鸟群分离，它还是会以几乎一样的方式觅食。不过，单飞的鸟儿难于找到足够的食物，特别是当它还要抚养幼鸟的时候；而且，它独自觅食时被猛禽攻击的风险也更大。在群体里的情况则大不相同，只要鸟群里有一只鸟知道哪里食物充足，它们就有可能直接飞赴最佳地点，很快找到大量食物。另外，在群体里，由于同伴更多，它们发现入侵猛禽并提前预警的机会也更大。最后，如果老鹰试图从高处俯冲入鸟群，它也更容易伤到自身；而在面对单飞的鸟时，它就没有这种危险。

演化史上的第六次大转变，从地质时间来看不过是一瞬

创世记：从细胞到文明，社会的深层起源

图2 鸟类纠集成群，以驱赶猛禽。在同一片筑巢区域里的鸟儿围住入侵的老鹰（在中间），齐心协力把它赶离鸟巢和幼鸟。图中所示的情景发生在俄克拉何马，就在绘图师的后院里。中间的猛禽是纹腹鹰，周围是冠蓝鸦、比氏苇鹪鹩和红胸䴓

当今地球上的数百万物种，都是演化意义上的幸存者，都以某种方式揭示了演化史上的六大转变步骤，从单细胞的细菌和其他生物个体最终演化出人类高级的语言、共情与合作能力。

间，但我们人类发明了语言——我指的是真正的语言，不是面部表情、身体姿态或动作，也不是咕哝、叹气，或者皱眉、微笑、大笑等大多数人都有的其他伴随语言信号。鹦鹉和乌鸦的学舌，各种鸣禽的吟唱，以及哺乳动物的长嚎、嘶吼和吱吱叫声，无论它们有多少层次和变化，都不是语言。

动物能通过声音交流，而且能像我们做的一样好，但是它们无法真正地言说。真正的语言是人类独有的，包括发明的文字、符号以及主观赋予的意义，然后通过组合形成无数种表述。（如果你怀疑语言无尽的创造力，不妨从无数个质数排列中选择一个，然后开始数数。）这些表述可以组成故事，无论它们是真实的还是想象的，无论它们讲的是关于过去、现在还是未来。

继语言之后，人类又演化出了读写能力，这使得人类的每一个念头都有可能在全球传播。我们可以观察身边所有的生命，研究每一个物种乃至每一个生物体。我们有了使用语言、探索科学并进行哲学思辨的能力，于是成了生物圈的管家与首脑。问题是，我们具备足够的道德智慧（moral intelligence）来担此大任吗？

第三章

大转变的两难问题及其解决之道

演化史上的大转变引出了许多问题，其中一个不仅对生物学来说至关重要，对全人类而言也举足轻重：利他主义是怎么由自然选择产生出来的？特别是，在每一个转变的关口，为了与同类竞争，生物个体的寿命要延长，繁殖率要增加，但同时还不能降低自己的适应能力，这是如何做到的？哪些演化的进程可以增进群体的福祉，却同时会损害个体的利益，有时甚至要牺牲个体的生命？

这些两难问题的后果，贯穿了整个生物世界和人类社会行为的历史。我们要如何理解英勇战死沙场的烈士，或者终生安贫禁欲的僧侣？如何解释以否定自我的爱国主义和宗教信仰的名义进行的残暴行径？

生物体细胞在生长与增殖的过程中，也面临同样的挑战。为了确保其他细胞的生存，有些细胞，比如上皮细胞、血红细胞和淋巴细胞，会在特定的时间点走向程序性死亡。如果这个过程的时间或者位置稍有差池，就会出现疾病，让生物体内的所有细胞因此承担风险。假设在众多类型的细胞里有一种细胞开始"自私地"增殖，然后，就像一个细菌被丢进了一锅营养基里，这种细胞就会繁殖出大量的子代细胞。换言之，它就癌变了。为什么你体内的其他几万亿个细胞没有起而效尤、同流合污？细胞无法感知到它属于哪个世界，为什么它们不会像细菌那样自顾自地繁殖？不消说，这些都是癌症研究正在探索的核心问题。

这种看似极度不可能的规律，我们或许可以称之为"演化之路上的盘龙崖"。真正的盘龙崖位于中国湖南省的天门山，它包括99弯盘山公路，然后是999级坡度达45度的台阶，终点是一个天然的石拱门，中国人称之为"天门"，传说是通往天界的入口。

步行攀登盘龙崖颇为困难，特别是在台阶近乎垂直的那一段。但是，摩托车和汽车已经征服了盘龙崖。在演化的过程里，也出现过类似盘龙崖的状况，而且起码有 6 次。

生命是如何攀过演化之路上的盘龙崖，并造就了今日地球上形形色色的动植物的？人类又是如何出现的？

解决大转变的两难问题的一个办法，可以在第二个两难问题里找到，如下所述。自然选择引起的演化可能会进展得非常之快。假设有一个基因，它有两种形态：1 号等位基因与 2 号等位基因，它们是竞争关系。我们来考虑一下这两种等位基因在生物体的繁殖过程中的频率变化。假设 1 号等位基因的初始频率只有 1%，这时它比 2 号等位基因获得了 10% 的额外优势。这种差异也许看起来微不足道，但是在 100 代之后，1 号等位基因在群体中的比例就会从 1% 增长到 99%[1]。简言之，虽然这种情况其实很少发生，但自然选择有潜力驱动非常剧烈的演化。

---

[1]　关于这个例子，译文对原文描述不准确的地方做了补充和修改。——译者注

第二个两难问题是，考虑到自然选择的潜力，为什么演化史上的大转变需要这么久，要等几百万年，甚至几十亿年才发生？

基本而言，演化史上的历次大转变都需要同样的利他性限制（altruistic restraint）。就社会起源来说，一只自私的蚂蚁或者白蚁会使整个蚁群受损，甚至招致灭顶之灾。一个心理变态的独裁者可能会摧毁整个国家。个体与群体的潜在冲突，在生命组织的所有层次里都存在，从细胞到帝国，概莫能外。翻翻社会科学的教科书，这样的冲突比比皆是，它们极大地丰富了人文学科的知识库。

自我限制与利他主义迟迟没有得到科学的解释，因为它们初看起来很难在演化中的生物群体里出现。这两个特点要能传播，它们必须要在生物组织的每个层次，从细胞到社会，都施加一种强大的反作用力，以对抗下一层次的基本单元所承受的"普通"的自然选择之力。比如，群体必须克服个体的辖制并打破"人不为己，天诛地灭"的原则。

　　　　　　　　创世记：从细胞到文明，社会的深层起源

图 3 群体的起源与人类神秘的利他主义

在演化史上的历次大转变里，每一次从较低的生物组织水平迈向更高的生物组织水平——从细胞到生物体，从生物体到社会——都离不开利他主义。这个两难局面初看起来是个悖论，其实可以用自然选择引起的演化来解释。

关于大转变中自我限制和利他主义的问题，虽然还有一些争议，不过几乎没有任何科学的解释能够面面俱到、尽善尽美，我相信其整体图景已经越来越清晰。在生物个体组成社会的案例里，问题已经基本上被解决了。我们能取得这种理解上的进步，得益于遗传理论与实验探索、野外研究的结合，其中大部分工作是在 21 世纪完成的。

在解决这个问题之前，首先要认识到问题的艰巨程度：它很不容易，甚至几无可能得到解决。历次大转变垒成了演化之路上的盘龙崖，其上虽有道路，但极为艰险。

与此类似，每一次大转变都需要无数成分的参与（化学分子组成了简单的细胞，继而组成了真核细胞，以此类推），经过漫长的地质时间才创造出更高的层次。

每次大转变都需要不同层次（个体层次和群体层次）的自然选择，或者起码会被这些选择强化。下面，让我们来看看这方面的证据。

第四章

追踪漫长的社会演化过程

要理解社会的诞生及其后续演化的过程，与破解其他生物系统和进程的奥秘一样，最有效的办法是直接观察发生了什么。之所以能采取这种手段，是因为在现存的生物里，数以万计的物种在各个可能的层次上都表现出了不断演化的社会复杂性。

　　除了细菌群落，最初级的生物组织是交配中的昆虫群。它们是大自然里的幽灵，倏忽而来，倏忽而去。其中最为常见的是摇蚊（Chironomidae），它在独自飞行的时候，很难被人眼看到。类似这样的小飞虫还有很多，比如寄生蜂、甲壳虫、蚜虫、蓟马等等，除非你特别留心观察，否则很难看到大自然里的这些微芥之物。单飞的小虫，看起来很像随风飘散的尘埃，只有近在咫尺你才有机会看清。不过，当成百上千的成虫为了交配而成群飞舞时，就是另一番景象了。它们左右翻飞，像是训练有素的杂技演员。近似球形的虫群，小则不足一米，大则数十米，好像悬在半空之中。如果你伸手拂过（别担心，它们不咬人），虫群就分散成更小的虫群，团团旋转。一旦手缩回来，虫群就会再次聚拢。

类似这种因交配而狂热的场面，也出现在其他许多昆虫之中，包括蝇类、少数几种蚂蚁和白蚁的雄性以及短暂处于童贞阶段的蚁后，再加上跳虫、蝉和蝴蝶等昆虫。因为物种的差异，它们可能在裸露的地表铺成一片，或者沿着倒下的树干连成一线或一串，再或者，它们绕着树枝盘旋而上，直至半空。这类场面中人类所见过最为壮观的，是松鸡、大鸨和侏儒鸟的求偶场（lek）[1]。在所有的鸟类中，有32种极乐鸟的表演最为精彩。等待表演的雄鸟在求偶场内聚集，有些鸟儿更是远道而来，特地参加这场走秀，争夺雌鸟观众的注意力。

也许，在另外一个星系的某个行星上，存在着另外一种

---

[1] 求偶场指动物通过不同类型的炫耀表演或展示，以达到求偶交配目的的场所。——编者注

创世记：从细胞到文明，社会的深层起源

生命形式（这个假设不无道理，毕竟宇宙那么大），那里的群体演化出了其他的交配方式，不必自由竞争；但在地球上，竞争却在所难免。我所知道的唯一一个勉强算得上例外的，是美国火鸡：它们在求偶场内会与其兄弟合作，同进退、共荣辱，协力把竞争者驱赶出去。

生命缓慢演化出复杂社会结构的进程，起码还有另一个入口，出现在长期觅食的群体中。比如，经常会成群结队、同飞同食的椋鸟。聚在一起的椋鸟群通常被称为"群鸟飞舞"（murmuration），根据当时的食物供给水平，个体数量从几只到上百万只不等。巨大的鸟群在空中盘旋飞舞，几乎遮天蔽日。当它们在枝头栖息时，彼此紧靠在一起，就像密密匝匝的树叶一样；它们结队觅食时，鸟群宛若一块移动的黑色幕布，绵延可达数千平方米。椋鸟最擅长捕捉蝗虫、蚱蜢和草丛中的其他昆虫。告诉同伴哪个地点食物最多，对单只椋鸟是有益的。它们的策略是追随领头的鸟儿，因为后者知道在哪里能不断地找到大量的昆虫。

我们发现，这些合作劳动体现出了一个普适的原则——

"模块化"（modularity），即所有的生物系统都倾向于按某种方式组成半独立但又彼此协作的单元。不同的单元各司其职，哪怕只是临时分工，整体而言仍然有益于群体，因此，平均而言也有益于每个个体。

椋鸟集体离巢、前往觅食地点的方式，也体现了模块化的原则，进行这种观察是一件饶有趣味的事情，我住在新英格兰郊区的时候就常这么干。一开始，只见树梢和电线上密密麻麻落着许多鸟儿，有几只开始坐立不安。然后，一只或几只飞起来，又落回附近另一个树梢或者另一根电线上。显然，这些领头的鸟儿和紧随它们身后的那几只记得哪里的昆虫较多，它们小心翼翼地向正确的方向移动，每次移动一小段距离。很快，更多的鸟儿开始移动。然后，鸟群突然加速，起初的试探性动作变得一发不可收拾，这是正反馈的结果：飞出去的鸟儿越多，跟着起飞的鸟儿就越多。几分钟后，整个鸟群都在空中了。

一旦抵达觅食地，那些更年长、更有经验的椋鸟就在地上挖出小洞，暴露出草根和土壤里的昆虫。更年幼、更稚嫩的椋鸟就从这些开采点捕捉猎物。很快，另一种模块化又出现了，叫作"翻滚"（rolling）：在觅食群尾部的鸟儿飞起来，像波浪一样赶到前面。于是，整个鸟群翻滚着前进，不断轮流捕获新鲜的昆虫。

椋鸟形成鸟群，给每一只鸟儿带来的益处不仅是食物供应更充足，而且有助于它们抵御天敌，包括天上的鹰，地上的猫、狐狸、黄鼠狼，以及其他捕食动物。鸟群就像是希腊神话中的百眼巨人阿尔戈斯（Argus），成了一个联防联动的整体。鸟群内部任何一只鸟的翅膀的抖动，即使轻微得不足以飞起来，都会对同伴发出警报。几秒钟内，整个鸟群就能齐刷刷地飞起来，盘旋至高空，不久再组成新的编队，落在另一个地方。

安全跟数量有关。捕食椋鸟的哺乳动物和猛禽，在食物链上比椋鸟高一级，数量也相应更少，即使在椋鸟数量不多的情况下也是如此。而且椋鸟还受到猎物饱和（prey saturation）这种机制的保护。任何猛兽和猛禽的食量都是有限的，如果再因为个体之间的领地冲突导致种群规模进一步缩小，那么它们需要的猎物自然也会更少。

最后，椋鸟也会因为鸟群的绝对数量而受到保护。无论
这是出于自然选择的意外还是有意安排，椋鸟在空中形成的
紧密组合，对猛禽而言无疑是一道物理屏障。如果老鹰猛扑
进鸟群，那么无论它试图袭击哪只椋鸟，它都有可能会撞到
另一只椋鸟，发生事故。这是一个简单的空气动力学问题。
当游隼以每小时 320 千米的速度垂直俯冲，并扭转身体以便
伸出利爪抓捕飞鸟时，它要冒很大的风险。吃一顿椋鸟大餐
可不便宜。

这种自发形成亚群的模块化，是合作与劳动分工的前兆。
即使是在相对初级的生物那里，模块化也达到了高度精密的
水平。这些类社会性（ur-society）物种也包括一些细菌。这些
看似简单的生物体具有群体感应（quorum sensing）[1]，单个细
菌与同类的其他细菌之间通过化学信号交流信息。偶尔，不

---

[1] 群体感应是一种与群体密度有关的刺激和反应的系统。许多细菌会通过群体感应，根据
其族群规模来调节基因的表现。有些社会性昆虫也会通过类似的机制，决定要在何处建立巢
穴。——编者注

图 4　交配中的摇蚊和飞蚂蚁（上图）通过组成规模巨大的群体来避免被捕食，椋鸟（下图）也会组成密集的鸟群，让老鹰不敢轻易靠近它们

大量的物种表现出了不同类型、不同程度的社会行为，科学家可以据此重建出人类和其他高级社会形成过程中可能出现的步骤。

同物种的细菌之间也会进行交流。

这些细菌能从化学信号中解读出它们所在群体的密度和生存状态，有了这些信息，单个细菌就会"决定"其运动速度、分裂速度，某些病原体细菌甚至会"决定"对宿主的毒力程度。在某些情况下，细菌选择形成稳定的群体，外部包裹着一层保护性的膜或外壳——这种结构也叫作生物膜（biofilm）。

细菌表现出了一定的社会性，其程度远远超乎上一代科学家的想象。当然，微生物是谈不上有心智的。无论是哪种生物组成的持久群体，它能否比细菌群体更进一步演化，都取决于其个体的复杂程度。我们不妨想一想一群宽吻海豚捕食一群鳀鱼的情况。这群被围猎的鳀鱼，跟椋鸟群一样，也享有受群体保护的优势。数百万只鳀鱼组成的鱼群，游动得平滑又迅速，也能更快地找到食物。加入鱼群，每只鳀鱼都获得了更好的保护；而且相比之下，海豚的数量要少得多。一群鳀鱼就好像是一只超大型的鱼，让它的天敌无法鲸吞，只能蚕食。

面对这个难题，围猎鳀鱼的海豚群也有它们的解决之道。它们彼此协调，沿着貌似精心设计过的路线，绕鳀鱼群游动，把鱼群赶进一个逼仄的水域。在那里，海豚群就能够捕获单独的鳀鱼，或者精确围猎几条鳀鱼，就好像我们转着圈儿地啃苹果。

社会性哺乳动物，比如海豚和灵长类动物（包括人类），都有更大的脑，社会关系比细菌或鱼群的也更为复杂。它们会未雨绸缪，这个过程自然也就实现了更高的组织水平。它们学会了识别群体内的每一位成员。因此，它们可以兼顾群体与其中的个体，来计划自己的行动。在每一只动物的心智里，浮现的是一系列可能的应对选项，由此，它们决定了特定的投资策略，包括交换个体信息的利益权衡。群体内的成员学着何时合作、何时竞争，何时领导、何时跟从。

通过个人和群体层次的自然选择产生的投资策略，可以被视为一系列游戏规则，而这些规则都出自本能（对我来说什么是最好的？什么对我的群体最有利，对我最有利？）。在与群体内其他成员互动时，个体就会通过遗传预先倾向性

（genetically predisposed）[1]学习掌握这些规则。在社会化程度最高并得到最多研究的旧世界猿猴群体中，雄性的游戏规则通常如下：

旧世界里年轻猿猴的成功法则

★ 如果你还太年轻、太幼小，不足以向等级更高的雄性发起挑战，那么，等待时机，提前规划，跟其他同等级的伙伴结成联盟。

★ 获得等级更高的导师的青睐。

★ 如果群体活动中的某个角色出现了空缺，比如需要觅食或放哨，尽可能补上，从经验中学习，并组织起来年龄相仿、等级近似的年轻雄性。

★ 如果能够支配其他雄性，就与群体内靠近中心地带的雌性交配；否则（更常见的是），躲起来，并尝试与单身的雌性交配。

稳定的、组织良好的动物群体有可能会永生。死去的成

---

[1] 遗传预先倾向性是指先天决定的某些行为的易发性。——编者注

员不断地被新出生的或者从其他群体里迁移进来的个体所补充。一个显著的例子，是一个由多种鸟组成的、以昆虫为食的、迁徙的鸟群，它们生活在法属圭亚那热带雨林里。研究人员隔了起码 17 年，再次进行统计调查，发现鸟群的规模保持稳定。这个鸟群延续了许多世代，每一代的鸟都忠实地返回同样的栖息地与活动区，而且其物种组成也保持不变。

尽管如此，这样的初级社会终究仍会灭亡。它们无法预见到所有可能的致命捕食者，也无法熬过每次大饥荒。在过去 5 亿多年里，无数类似的社会出现，而后消失，只有非常少的几种生物演化到了较高乃至最高的水平——这就是真社会性，比如蚁群中的"王室"只负责繁殖，而无法繁殖的"工人"则执行蚁群内的各种劳动。真社会性可能是演化过程中相对罕见的情况，但是它却带来了最高水平的个体利他行为与社会复杂度。一些具有真社会性的物种，特别是蚂蚁、白蚁和人类，因此占据了陆地生态的主导地位。

第五章

迈进真社会性的最后几步

真社会性并未起源于那些初看上去最可能成功的物种。无论是蜂群、鱼群、海豚群、狼群、羊群、牛群、猿猴群还是椋鸟群，据我所知，它们当中还没有哪种生物的群落分化出可育和不可育的等级。像我这样的生物学家必须向别处寻找真社会性的起源。那些看起来最有希望的物种，结果反而不太成功；我们最终找到的祖先物种，其实拥有完全不同的生命周期和社会行为方式。

而且，虽然真社会性可能给一个物种赋予极大的生态优势，但它其实非常少见。有证据表明，这个过程一般始于群体——往往是一个家庭——内的某些成员把利他主义发扬光大，"老吾老以及人之老，幼吾幼以及人之幼"。它需要有起码少数几个个体较早、较突然地放弃繁殖后代。因此，迈向真社会性的最后一步并不是亲缘关系的结果——虽然许多研究者都这么设想过。恰恰相反，群体内密切的亲缘关系出现在真社会性起源之后——这种观点是我和其他几位同行提出来的。下面，我会解释这种逆转是如何出现的。首先，我们来讨论一下背景：在陆地生命的整个演化史里，昆虫如何取得了惊人的成功。

研究化石的古生物学家与研究现存生物的社会生物学家，一道寻找真社会性存在的证据，寻觅范围之广，可谓上穷碧落下黄泉。他们的工作主要聚焦于昆虫，其中包含了上百万个物种。在如此众多的昆虫里，大约有 2 万种具有真社会性，包括大部分的蚂蚁、群居性蜜蜂、群居性黄蜂和白蚁，还有一些甲虫、蓟马和蚜虫。这个名单可能听起来很长，但在学界目前已知的上百万个昆虫物种里，它们只占了 2%。

在 20 世纪 70 年代，我和其他几位科学家认识到：真社会性群体的起源不仅不太常见，而且在昆虫和其他动物的漫长演化史里也是相对晚近的事件。

真社会性的相对稀缺和姗姗来迟，可能是因为它是演化史里最后的伟大发展，整个现代昆虫世界正是由此建立的。

首先是昆虫世界的诞生。昆虫从一开始就是陆生动物，此后也一直如此。如果你想看看原始的昆虫是什么样子，到森林或者草场上找几块石头，翻开它们，然后（也许最好找个昆虫学家陪同）注意寻找跳虫、原尾虫、衣鱼和蠹虫，所有不能飞的昆虫都跟它们的远古祖先比较类似。

昆虫世界里的第二个发展是出现了翅膀，它们因此比其他动物都更早掌握了飞行技能。第三个发展，是它们获得了将翅膀折到背部的能力，这使得一些物种不仅可以展翅飞翔，也可以碎步快跑，躲避天敌的威胁。如果这让你想到了蟑螂，没错，它们是最早具备了这项能力的昆虫之一。第四个发展，是完全变态（complete metamorphosis），即演化导致了幼体与成体的解剖结构和生活方式截然不同。比如，一只毛毛虫，在经过啃食植物叶片的阶段之后，会变态成为蝴蝶，吸取植物的汁液。变态使得同一个个体可以获得更多的食物，甚至进入多个栖息地。比如，每一只蜻蜓，都会从在水里游来游去的水蚤变成在天上飞来飞去的成体。

最终，演化发展出了真社会性的群落，这是昆虫与其他节肢动物在登上历史舞台的最初 3.25 亿年里多次大分化之后才出现的结果。据我们所知，在此之前，没有哪种蚂蚁、白蚁或其他类似的生物，在陆地上出现过。

目前已知的最早的昆虫化石来自早泥盆世，大约是在 4.15 亿年前。在此之后不久（从地质时间来看），陆地上就开始出现越来越多的昆虫门类。等到 2.52 亿年前的古生代末期，昆虫世界里已经出现了一批相当现代的成员。在现存的 28 个目里，14 个在当时就已经出现了。在古生代（成煤森林和两栖动物的时代）结束、中生代（爬行动物时代）开始的时候，已经出现了许多今天常见的昆虫：虱子、鱼蛉和其他脉翅目，以及石蝇、甲虫和半翅目（比如角蝉和盾虫）。就解剖结构而言，这些始祖昆虫跟它们的现代后裔很类似，但是它们生活的世界已截然不同。如果可以穿越回到古生代末期，你也许会有怪异之感：石松长得很像王棕、木贼和树蕨，你会看到

图5　目前已知的几种达到了真社会性的动物一览，居
中的是非洲裸鼹鼠，四周（从上方开始，按逆时针顺序）
分别是群居黄蜂、蜜蜂、白蚁（巨大的蚁后被一群工蚁
服侍着）、蚂蚁和熊蜂（Bombini）

长相凶神恶煞、四肢粗壮的迷齿亚纲[1]动物正蹒跚着向你走来，你几乎肯定（或者起码应该）会感到恐惧。但是这些始祖昆虫，无论是在你头顶上嗡嗡盘旋还是沿着你的腿向上攀爬，如果你仔细观察，就会发现它们跟你在家里看到的差不多。

古生代演化历程从 4.15 亿年前一直持续到 2.52 亿年前。这段时间虽然留下了较为丰富的化石记录，但我们没有发现任何证据表明出现过真社会性生物。当然，这也许会由于未来更多的研究而变化，毕竟，化石记录一直都很不完整。具有真社会性的某些生物，可能群体较为稀疏或者局限在特定区域里，寻觅化石的人还没发现它们；有些生物也许已经开始演化了，但生态位（niche）[2]比较隐蔽，就像当代的真社会性生物树皮甲虫（bark beetle）和结瘿蓟马（gall-forming thrip）那样。尽管如此，在古生代丰富的化石遗迹里，我们至今也没有发现真社会性的典型特征：形态独特的工职等级（worker caste）[3]。

––––––––––––

[1]　迷齿亚纲是最早出现的陆栖脊椎动物，是鱼向两栖动物的过渡物种，具备原始的四肢，兴盛于石炭纪至二叠纪。——编者注
[2]　生态位，又称小生境，指让一个物种能够生存并繁殖的环境以及其自身生活习性的总称，每个物种都有自己独特的生态位。——编者注
[3]　工职等级，半社会性与真社会性动物群体中不参与繁殖而只负责劳动的成员。——编者注

这种证据，或者说证据的缺乏，仍然值得关注，因为它跟我们对高级社会演化的总体理解有关。它引出了两个重要的问题：为什么真社会性如此罕见？为什么它们以地质时间来看出现得如此之晚？

即使是在现代，具有真社会性的昆虫也非常少见，这也进一步证明了它在地质史上的稀缺性。在今天，据我们所知，只有17种独立起源的动物形成了真社会性的群落。其中三个独立的支系属于枪虾，生活在热带海洋的浅水区（是已知的唯一一类具有真社会性的海洋动物）。枪虾里的虾后和工虾会在活的海绵身上掘洞筑巢。还有两种产生了真社会性的独立支系属于胡蜂，常见的例子包括大黄蜂、小黄蜂和造纸胡蜂。还有两种是树皮甲虫，属于分类学上的小蠹虫科（Scolytidae，严格来说，小蠹虫科今天已被归入了象鼻虫科，即Curculionidae）。小蠹虫科包括许多种昆虫，其中几种格外出名是因为它们会让针叶林受灾。还有两种真社会性生物是非洲裸鼹鼠（mole rats），它们生来就没有视力，也没有毛发，只吃植物，生活在地下挖出的洞里。

此外，独立起源的真社会性生物还有七种，它们分别演变成了今天的蚂蚁、白蚁、泥蜂（Sphecidae）、小芦蜂（Allodapini）、绿金蜂（*Augochlora pura*）、蓟马和蚜虫。（有一种生存在中生代的蟑螂，学名为 *Sociala perlucida*，有人认为它具有真社会性的等级分化，但是这个说法目前还没有得到足够的证据。）

最后，我们也可以说，人类体现了真社会性的特征。最有力的证据是绝经后的祖母"等级"。另外，还有人乐意从事一些对社会有益却不利于自己繁衍后代的职业。除此之外，鉴于同性恋在许多社会里都有独特的价值，把他们视为一种真社会的等级不仅不荒谬，而且合情合理。另外一个证据则是有组织的宗教里的修道会。还有一个证据我们必须要提到，那就是美洲印第安人正式承认而且相当尊重的"双灵人"（berdache）[1]。当然，我们也不要忘了，同性恋倾向是部分由基因决定的，而且似乎对亲属和社会有益，因此这类基因更有可能保留下来。还有一些强有力的间接证据表明，与

---

[1] 双灵人是普遍存在于北美原住民部落中的一种社会角色，他们通常被视为体内拥有男女两个性别之灵魂的人，在部落中会担任巫医等特殊职责。——编者注

同性恋倾向相关的基因在人群中的频率比单纯靠突变引起的水平更高。换言之，同性恋基因被自然选择偏爱，于是保留了下来。

未来，我们肯定还会发现更多具有真社会性的动物，它们最有可能出现在数量巨大的昆虫和其他类人猿里。但是我推测，即便再多，它们在整个动物世界里也只是九牛一毛。我们不妨重申一遍这个事实：我们知道的蚂蚁、白蚁和真社会性的蜜蜂和黄蜂，加在一起，虽然从数量、生物质（biomass）[1]和生态学意义而言都举足轻重，但在已知的100多万种昆虫物种里仍然只是很小的一部分。未来发现的真社会性物种不仅个体稀少，而且可能处于边缘地带，分布在微小、特化的生态位里。

昆虫征服世界的时间点非常关键。现存的那些真社会性昆虫，零零散散地起源于中生代和新生代。最先出现的是白蚁。据估计，它们在中三叠世到早侏罗世期间（2.37亿年前

---

[1] 生物质是指通过光合作用而形成的各种有机体，包括所有的动植物和微生物。——编者注

到 1.74 亿年前）起源于一种类似蟑螂的祖先物种。有证据表明，真社会性的具备花粉篮（corbiculate）[1]的蜜蜂，特别是熊蜂、蜜蜂（Apini）和麦蜂（Meliponini），起源于晚白垩世，距今约 8 700 万年。集蜂（Halictidae）的真社会性起源于始新世，距今约 3 500 万年。蚂蚁，可能起源于白垩纪的一种有刺黄蜂，距今约 1.4 亿年。

到了古近纪（Paleogene Period），或者可能是从晚白垩世的末期开始，绝大多数今天可识别的 21 个蚂蚁亚科已经独立演化出来了。

为什么真社会性出现得这么晚？既然真社会性从总体而言有生态意义上的优势，为什么它还是这么不常见？无论是在陆地，还是在淡水和海洋浅水区，自从多细胞生物第一次登上陆地，支持真社会性的环境条件和有潜力迈进真社会性的生物都曾多次出现过。从古生代晚期到中生代早期，起码有数万个，甚至是数十万个昆虫物种出现并分化过。在此期

---

[1]　花粉篮是工蜂后足上由硬毛围成的器官，用来携带花粉。——编者注

间，它们占据了大范围的环境生态位。比如，在宾夕法尼亚树蕨辉木（*Psaronius*）上生活着至少 7 种昆虫，它们有不同的觅食习惯，包括在外部枝叶上的各种生存策略：穿刺、吮吸、在茎上凿洞、结瘿，靠孢子为食，摄取树根部位的散落物和泥炭。从那之后，生命世界里又出现了多种生命周期和传播机制，并延续至今。而且，群体内的成员之间可能也存在着不同程度的关联，有些是完全一致的克隆，有些则毫不相干，正如古生代起源的某些物种在今天表现出的那样。

目前，虽然许多群居动物还没有形成真社会性，但大量的昆虫群体里出现了不同的行为模式和复杂度。大量的后代由母亲抚养，父亲偶尔也会参与。有时候，这些后代也在父母的带领下迁徙。有些物种的幼虫在巢里得到保护，有些则一直生活在巢外。特别是，人们发现许多种昆虫都有长期照顾幼虫的现象，包括角蝉（Membracidae）、盾椿（Scutelleridae）、负蝽（巨型水虫）、结瘿蚜虫、网蝽（Tingidae）、螳螂、蠼螋（耳夹子虫）和三节叶蜂（Argidae）。集结成群的幼虫、成虫，或者二者的混合，有时会有组织地运动，这样的昆虫包括叩甲、啮虫、足丝蚁、夜蛾、枯叶蛾、钝蝗（lubber grasshopper）、蟑螂、叶蜂（Tenthredinidae）和卷叶锯蜂（Pamphiliidae）。

从如此众多的亚社会性昆虫和其他动物里，出现了少数几支独立的真社会性物种。复杂社会的起源，显然与家族或其他紧密团结的小群体内部的亲缘关系无关。不过，这都不是它们起源的关键所在。真正的关键是：所有这些生物，无一例外，首先获得了相对罕见的前适应（preadaptation）[1]，并通过有规律的喂养或检查，或者两者兼顾，开始对幼虫从卵到成体阶段提供良好的照顾，而且坚持不懈地保护幼虫免受天敌之害。

真社会性出现的总体规律，是从半个多世纪之前开始逐渐被揭开的，进行这方面开拓性研究的是在堪萨斯大学研究蜜蜂的查尔斯·D. 米切纳（Charles D. Michener），和在哈佛大学研究黄蜂的霍华德·E. 埃文斯（Howard E. Evans）。他们都是我的导师，并且都极大地影响了我早期对蚂蚁的研究。

---

[1] 前适应，指生物的原有性状或构造在未发生明显改变或调整的情况下，仍然能很好地适应改变了的新环境，尽管其功能可能与原先不同。——编者注

图6 社会行为的演化引出了黄蜂中的真社会性。（从上
方开始按逆时针顺序）第一步的例子是，雌肿腿蜂叮咬
一只虎甲虫的幼虫，使其瘫痪，然后在其体内产卵，它
的后代就以此为食；第二步，一只泥蜂科的黄蜂叮咬一
只黑寡妇蜘蛛，使其瘫痪，然后带回自己的巢穴当作食
物；第三步，一只胡蜂会连续叮咬多只猎物，待其瘫痪
后来喂幼虫；最后一步，母亲和女儿待在一起，组成真
社会群落，母亲是蜂后，女儿是工蜂

真社会性，即一个生物群体组织内分化出可育和不可育的等级，仅仅出现在屈指可数的几种生物里，从地质时间来看也相对较晚，而且几乎都生活在陆地上。但是，就是这几种生物，演化出了蚂蚁、白蚁和人类，逐渐主宰了陆地上的动物世界。

以他们的研究工作为基础，加上后来许多专家的继续努力，我们目前对真社会性起源过程的认识如下。首先，许多物种的成体筑巢，然后在巢穴里储存花粉或者瘫痪的猎物，产卵，封巢，然后离开。然后少数的几个物种进入了第二个阶段，成体筑巢并产卵后，会在幼虫的发育阶段照顾它们，包括周期性喂食或清洗巢穴，抑或两者兼顾。最后，在更少数的几个物种里，出现了初级真社会性。可育雌性和成体后代会在巢穴里共同生活一段时间，可育雌性继续产卵，扮演生殖母体（reproductrix）的角色，后代则觅食、劳作，担任不育的工职。

研究人员经过分析，发现了蚂蚁和真社会性黄蜂里的高级社会的形成顺序（同时参见图6）。在早白垩世，大约2亿年前到1.5亿年前，蜂类的祖先靠捕猎生活在土壤和碎叶上的昆虫为生。如果它们类似于当代的蜂类家族——比如肿腿蜂（Bethylidae）、蚁蜂（Mutillidae）、蛛蜂（Pompilidae）、泥蜂和钩土蜂（Tiphiidae），在夏日野外漫步的时候，你可能会经常看到这些昆虫的身影——那么这些蜂可能已经特化到只捕捉蜘蛛和甲虫的幼体。在交配之后，雌性会通过气味定位猎物，用有麻醉性的毒液来攻击、叮咬它们，然后在其体内产卵。它们日后孵出的幼虫即以此为食。比如，现代寄生蜂属（*Methocha*）里的肿腿蜂，会侵入虎甲虫幼虫的巢穴，蜇它们，产卵，然后离开。

从这些更原始的雌猎手中演化出了少数几种蜂，携带着被麻痹的猎物，来到它们提前筑好的巢穴，产卵，然后封堵上巢穴内的通道。接着，它们就去寻找新的地点，重复同样的操作。最为常见的几个例子，包括多种泥蜂，会在桥梁或者房子的屋檐下用泥巴筑巢。

还有数量更少的一些蜂跟后代生活在一起，在幼虫的生长过程中陆续提供新鲜猎物。等幼虫长大，它们就和母亲分开。

最后，还有极少数不断为幼虫提供给养的物种，包括蚂蚁和真社会黄蜂的祖先，母亲和它的后代一直生活在一起，形成了真社会性群落。

按照这样的顺序，越来越少的演化支系和物种走向了一种不寻常的生命循环方式，但这并不是要确保群体成员之间有密切的亲缘关系，虽然之前人们一度认为这才是真社会性起源的先决条件。事实上，这也就意味着（正如我之前强调过的），密切的亲缘关系不是真社会性起源的原因，而是它的结果。父母照顾后代，以及后代在成熟以后与父母分开的行为倾向，是由一个或者少数几个等位基因控制的。只要少数几个突变引起这些等位基因的沉默（silencing）[1]，生物便实现了从独居生活到真社会生活的转变。

支持这种理论的第二个有记录的前适应现象，来自一些实验观察：当独居的蜜蜂被强行关在一起，它们就会表现得像真社会性蜜蜂。这些被逼无奈的蜜蜂会进行劳动分工，分别承担起觅食、筑巢或保卫蜂巢的任务。此外，雌性会扮演领袖的角色，一只蜜蜂领队，其他的跟随，就像真社会性蜜蜂群体中出现的那样。这种初级的劳动分工看起来好像是执行一套预先安排好的行为规范，每个个体按部就班地完成一

---

[1] 基因沉默，生物体内的特定基因不表达或表达水平极低的现象，是真核生物细胞基因表达调节的一种重要手段。——编者注

个又一个的任务，用最简单的方式抚养后代长大。在真社会性物种里，这套算法可以避免同一个工作被重复安排给不同的工职者。显然，只要群体选择（当某个群体与独居的个体或者其他群体竞争时）青睐这种改变，不断提供给养的蜜蜂和黄蜂就好像装上了弹簧（有强烈的倾向，并受专门的刺激触发），会迅速形成真社会性。

　　关于这种高级社会行为如何起源，以及为何起源的这种论证思路是研究者提出科学理论的一个范例。一个成功的理论能容纳多个独立检验过的事实，就像拼图游戏里的小块可以拼接到一起那样。在这里，独居蜜蜂被迫群居的实验结果符合关于劳动分工起源的固定阈值模型（fixed-threshold model），这是发育生物学家为了解释现存的昆虫社会里出现这种现象而提出的理论。该理论假定，由于遗传因素或者后天学习，不同的个体针对不同的任务会表现出不同的响应阈值（response thresholds）。该理论进一步认为，当两个或更多个体互动的时候，那些响应阈值最低的个体会先执行某项任务，此举使得另一方不用去做不必要的工作，后者于是本能地转而处理另一项任务。因此，我们又一次看到，单个灵活基因的突变，可以阻止群体内的成员离开其出生巢穴，似乎也足以使得预先适应的物种跨过阈值，依靠本能建立起社会秩序。

　　野外和实验室的比较研究都揭示，自从动物世界里演化出真社会性以来，工职者就一直处在为自身利益服务与为群落利益服务的摇摆之中。随着群落层次的组织对于塑造组织的等位基因的成功变得越来越重要，单个工职者的生存和繁殖也就变得越来越不重要。最终，在具有严格真社会性的生物里，工职者的繁殖能力彻底丧失，从而创造出了终极的超个体。昆虫世界里极端的超个体，出现在多种蚂蚁之中，包括矛蚁（行军蚁）、养殖真菌的芭切叶蚁（*Atta*）、火蚁（*Solenopsis*）、大头蚁（*Pheidole*）、小家蚁（*Monomorium*）、铺道蚁（*Tetramorium*）和麻臭蚁（*Linepithema*）。在这些物种里，工蚁根本就没有卵巢。另一方面，通过次级演化（secondary evolution），少数物种的工蚁恢复了生殖能力，或者起码有所增强，使得单个工蚁也能履行蚁后的角色。在超个体的极端状况下，自然选择发生在蚁后基因组的层次，而工蚁，更准确地说，就好比是蚁后伸展出的机器手臂。

第六章

群体选择

生物学家审视了近 5 亿年发生在陆地上的生物演化，试图找到高级动物社会出现的证据。他们希望通过这些知识来更好地理解人类。但是，一个极为难解的遗传之谜给他们造成了障碍。

这个谜团包含两个部分。第一个部分，我在上文已经谈到过，达尔文在《物种起源》(1859) 和《人类的由来》(1871) 里已经意识到，并且在很大程度上解决了这个问题，虽然具体细节还有待厘清。这个难题就是，如果社会中的众多个体不再繁殖，那么高级社会怎么还能演化？说得通俗一点，利他主义是怎么出现的？达尔文提出的解决办法，在今天已经发展成了群体选择理论。该理论认为，只要它们的牺牲能为群体带来足够的利益，群体内的某些成员就会缩减自身的生命，或者抑制自身的繁殖，或者两者都做，以便本群体能与其他群体更好地竞争。于是，通过突变和自然选择，利他主义基因就会在群体内传播开来。群体成员之间密切的亲缘关系会加速利他主义基因的传播，但不是利他主义传播的原动力。密切的亲缘关系往往是在利他主义传播之后出现，而非之前。群体遗传学的多个模型表明，在一个群体里，即使平均只有一个可以遗传利他性的个体，无论其成员之间是否有亲缘关系，整个群体的数量都会因此上升。

这种认识于是引出了第二个难题。为什么真社会性——典型特征是基于利他主义的劳动分工——在演化史上如此罕见？这个问题的答案必定存在于真社会性出现所需要的一个先决条件里：一个母亲或者小群体在一个设防的巢穴里一步步地抚养幼儿长大。在大自然里，这种情况其实很常见，但是在绝大多数情况下，它并没有产生真社会性。所以，更有意义的一个问题是，到底是什么阻止了最后一步的发展？如果我们能够找到这个抑制性因素，我们就可以解决关于真社会性起源之谜的第二部分。

我相信答案在于，最后一步牵涉了生物学固有的巨大困难。试想，有一个较小的群落，其中包括了一位母亲（或许还有一位帮忙的父亲）及其刚刚成年的一群后代。普通的生命循环就到此为止了。当雌性后代与母亲分开，独自生活的时候，新的生命循环也就开始了。母亲或者死去，或者再养育新的后代；与此同时，后代开始交配、筑起新巢，成为新母亲。

　　现在，假设出现了一个缺失突变[1]，可能只是单个碱基的改变，使得这个小家庭不再分家（缺失突变较为常见，它会使其他突变无效，在遗传学研究中也得到了广泛应用）。我们知道，如果一群成年雌性动物在实验室里被关在一起，第一个进来而且已经受孕的雌性动物，即母亲，会成为首领，并开始产卵，其他雌性则转为工职。

　　因此，一旦初步适应就绪，包括筑好一个设防的巢穴并开始渐进式地抚育幼儿，这个群体离真社会性就只差一步了。

---

[1] 缺失突变是指生物基因组中一段碱基序列丢失而引起的突变。——编者注

从原则上来讲，最后一步不算困难。不过，虽然这种进步看起来容易，在自然界里却鲜有发生。为什么？一种解释是，虽然单个基因或少数几个基因的突变就可以引起真社会性群落的出现，但余下的全部基因组仍然适应于独居生活。后代里的雌性，作为新出现的工职者，也许会本能地待在群体里，但是余下的基因组却仍然决定了它们更适应单打独斗的生活。它们还没有准备好彼此交流，或者分工协作，完成筑巢、哺育、觅食的任务。而一旦有了这样的累赘，那些还未做出改变的群体，既无法有效地与那些独居的同类竞争，也无法与其他群落竞争，结果就是，它们无法成功演化成真社会性物种。

关于哪些遗传突变会导致真社会性的演化，我们现在已经有了详尽的记录。2015 年，由伊利诺伊大学的凯伦·M. 卡费姆（Karen M. Kapheim）和吉恩·M. 鲁宾逊（Gene M. Robinson）领衔的包括 52 位研究者在内的一个国际合作团队，研究了 10 个蜜蜂物种的基因组，它们分别代表了不同演化阶段的多个独立支系。这些物种的社会化程度高低不一，最低的是独居物种，最高的是复杂的真社会性物种。研究发现，每一个代表性物种都有其遗传演化的独特路径，但是，所有实现社会性的物种都表现出了同样的基本模式。随着社会合作渐趋复杂，自然选择也更为松弛，于是它们都出现了更多的中性演化，与此同时，转座元件（transposable element）[1]的数量和多样性也有所减少。我承认，这个问题的专业性较强。如果用尽可能通俗的语言来说，大意就是，高级的社会组织与基因网络（gene network）复杂性的增加有关，进而影响了社会行为。高级社会行为的演化，的确需要遗传程序发生根本性变化。

在 20 世纪 50 年代，英国昆虫学家迈克尔·V. 布莱恩（Michael V. Brian）和我，各自独立发现了蚂蚁幼虫发育成工蚁和蚁后的复杂机制，这为蚂蚁的真社会性提供了证据。布莱恩研究的是一个欧洲物种，皱红蚁（*Myrmica ruginodis*）。他发现每个幼虫都有潜力发育成蚁后——有巨大的身体、翅膀和完全发育的卵巢；或者发育成工蚁——身体较小，没有翅膀，不可生育。这里有一个体形大小的阈值，即幼虫命运

---

[1] 转座元件，指生物体内非游离的、能自复制或自剪切拷贝，并能以相同或不相同拷贝在该生物体基因组内不断移动位置的功能性 DNA 片段。——编者注

的"决定点",幼虫在此之后必须要完成生长,或者变态为蚁后,或者变态为工蚁。布莱恩发现,决定皱红蚁成为蚁后还是工蚁的关键环境因素,事实上是一系列要素的组合,包括孵化出这些幼虫的卵的大小,生长到"决定点"时幼虫的个头大小,蚁群里的蚁后是否还健在,蚁后的年龄几何,以及该幼体是否经历过冬季的严寒并在翌年春天快速生长。所有这些因素,综合起来,才为蚁群提供了大量的童贞蚁后(virgin queen),它们会在日后天气温暖时的婚飞(nuptial flight)[1]大典上,飞出蚁穴,正式宣告登基。每只蚁后都有机会交配,并建立属于它自己的新蚁群。

多年之后,在 2002 年,来自加拿大蒙特利尔麦吉尔大学的埃哈卜·阿布哈夫(Ehab Abouheif)及其合作伙伴,在研究蚂蚁的基因组时,发现蚂蚁产生有翼蚁后的能力取决于雌性是否携带某些被修饰的基因。这些影响蚂蚁发育到成体阶段的基因网络,在有翼的蚁后体内是保存着的,但在无翼的工蚁等级中却被扰乱了。简言之,这些工蚁失去了一项潜在

---

[1] 婚飞,指性成熟的社会性昆虫进行的交配飞行。——编者注

的遗传天赋。

现在，许多信息都已尘埃落定。在 1953 年，我曾经测量过世界上 49 个属的蚂蚁，它们的工蚁里都包括不止一种亚等级（subcaste），即工蚁又可以分成次要工蚁和主要工蚁，后者有时也被叫作兵蚁（soldier）。许多物种还有介于中间状态的工蚁（中间工蚁），少数几个物种还有个头更大的第三种等级，叫作超级兵蚁（supermajor）。在高级社会组织的形成过程中，新增的亚等级不仅要在幼虫发育的过程中增加一两个额外的决定点，而且要在蚁群发展的不同阶段，对不同等级个体的相对数量进行调控。这种调控，就好比是人类社会里的职业分工，以及对不同行业人数进行的文化调控。

于是，就出现了蚂蚁帝国与人类帝国。

要获得必要的遗传变化，并克服独处基因组带来的障碍，唯一的途径是群体选择，因为只有群体选择才足以产生基于基因的利他主义、劳动分工和群体内成员之间的合作。这种更高水平的自然选择已经得到了翔实的记录，而且在蚂蚁和其他社会性昆虫里可以直接观察到。这种自然选择不仅出现在蚁群形成的过程中，也出现在与其他成熟的蚁群竞争时。冲突可能会因为直接的身体接触而爆发，最终结果是一方撤退或者彻底溃败（如果要发明一个术语，可以叫"红蚁大屠杀"）。不过，蚁群之间的竞争，并不一定会导致斗争或者掠食。它也可能会导致一方抢占新的觅食地点，驱赶或者消灭竞争对手，或者更高效地寻获筑巢材料与食物。理论与实验研究已经证实，所有这些出现在蚁群层次的可遗传行为，主要依赖蚁群的生长速度和成熟蚁群的规模，而这两种因素又都依赖于受遗传决定的、群体层次的表型。假定其他方面一致，那么仅仅是参与竞争的工蚁数量，就会对蚁群的代谢和生长速率产生深刻的影响。工蚁越多，蚁群生长越快，就能产生更多的蚁后和雄蚁，成熟之后的蚁群规模也更大。这种群体层次的关系，类似于个体层次的体重与生理特征的代谢标度律（metabolic scaling law）。数学模型表明，在昆虫群落的竞争式生长过程中，最重要的一个群体因素，可能是奠基蚁后（founding queen）的初始繁殖能力。

在这里，我们有必要回顾一下群体遗传学根据检验过的原则界定群体选择的进程，人们又是如何通过这个进程正确地解释社会演化的。这值得我强调一番：无论是群体层次的性状，还是个体层次的性状，选择的单位都是基因。基因规定了性状。自然选择决定了哪些基因表现得更好或更差，但是自然选择的靶标是由基因规定的性状。一个群体内的个体，与其他成员竞争食物、配偶和地位，就是在个体层次参与自然选择。个体与群体内其他成员互动，并通过等级制度、领导、服从或合作来形成更高级的组织，就是在群体层次参与自然选择。利他主义的代价越高，对于个体生产和繁殖上的损失越多，那么这对整个群体的益处也必须越大。演化生物学家大卫·S. 威尔逊（David S. Wilson，不是我的亲戚）精练地总结过这两种层次上的选择规律：在群体内部，自私的个体胜过利他的个体；在群体之间，利他个体组成的群体胜过自私个体组成的群体。

近年来，通过研究自然条件下的真实例子，群体选择的发生过程已经得到阐明。我们不妨从黄石国家公园里的狼群说起，它们为我们理解生态学和社会生物学提供了极好的教材。最近，明尼苏达大学的基拉·A. 卡西迪（Kira A. Cassidy）和她的同事们发现，当群体发生领地冲突时，数量大的群体（平均有 9.4 只狼），会战胜数量小的群体（平均有 5.8 只狼）。此外，成年雄性比例高的群体也更有可能击败成年雄性比例低的群体。最后，如果一个群体里有 6 岁或者更老的狼（在黄石公园，狼的平均寿命是 4 岁），无论是什么性别，都会带来更大的优势。

接下来，让我们把注意力转向无脊椎动物，在它们身上我们可以见证最为多样的群体选择的发生。一个尤其令人震撼的例子来自沃尔特·R. 钦克尔（Walter R. Tschinkel）。在其经典著作《火蚁》（*The Fire Ants*，2006）里，他详细考察了入侵红火蚁（*Solenopsis invicta*）里蚁后的合作与斗争。在婚飞大典和空中受精之后，单只蚁后经常聚集成群，数目达十只或更多，它们共同筑起一个小小的巢穴，然后协力抚养第一批后代。这种不寻常的行为显然是由群体选择驱动的。生活在一个竞争无比激烈乃至生死攸关的世界里，只有不到千分之一的蚁后能够繁育出规模足够大的蚁群，培养出新的蚁后后代。野外研究已经表明，每个蚁群的规模对它的生存至关重要，对于非常年轻的蚁群而言，情况显然更是如此。

在实验室里，相比单打独斗的蚁后，一群彼此合作的蚁后，平均而言，孵育出的工蚁更多，繁殖速度也更快。

一旦火工蚁成熟，它们就开始逐个清除蚁后，将其肢解，或者螫死，直到最后留下一只蚁后。它们甚至也不放过自己的生母。最后的胜利者，可以通过其独特的信息素被区别开来。它的繁殖力最强，因此也最有能力促进整个蚁群的快速生长。工蚁无力承担起支持失败者带来的损失，即使这意味着它们的生母也得死去。在这个例子里，群体选择无疑战胜了个体选择。

在世界范围内，蚂蚁表现出了极大的多样性，物种数目超过 1.5 万，这使得它们成为理想的研究对象，因为通过对不同的蚂蚁物种进行比较研究，我们可以分辨出社会演化的必备因素。归根结底，该领域探讨的核心问题有三个：（1）是谁或是什么控制着蚁群中的工蚁数量？（2）这分别是如何实现的？（3）这应归因于自然选择中的哪种力量？

快速 DNA 测序技术使得研究者可以更方便地针对整个

蚁群进行实验，并分析其中的社会因素。这些工作也进一步加深了我们对群体选择的认识，因为它才是影响昆虫社会演化的"看不见的手"。比如，在蚁群里有一种现象叫巡警（policing）：工蚁会惩罚那些与蚁后竞争产卵的同胞，有时甚至会处决它们。在过去，巡警现象往往是通过广义适合度（inclusive fitness）[1]理论来解释的，它依据的是工蚁之间的亲缘关系。许多人认为，从原则上讲，试图篡权者与巡警之间的亲缘关系越远，它们受到的惩罚也就越重。不过，同样的结果也可以通过篡权者与整体蚁群的气味差异得到解释。洛克菲勒大学的塞拉菲诺·泰赛奥（Serafino Teseo）、丹尼尔·克罗瑙尔（Daniel Kronauer）和他们的同事最近证明，蚁群效率的提高可以为巡警现象提供一个完整的解释。他们发现，来自热带的毕氏粗角猛蚁（*Cerapachys biroi*），虽然是孤雌生殖产生的单克隆群体，即所有工蚁的遗传基因是完全一致的，但仍然有巡警现象。要解释该现象，我们需要求助于生物学的另外一个领域，如下所述。在蚁群的生命周期里，生长与调控是受幼虫诱导的。在生命周期的某些环节，成体

---

[1] 广义适合度，指一个个体的适合度加上其亲缘个体（直接后代除外）对其适合度大小的影响值之和；因此，广义适合度是亲缘选择对个体的总效应。——编者注

创世记：从细胞到文明，社会的深层起源

接收到这些不成熟的幼虫发出的信号，卵巢于是停止工作。那些没有对信号做出响应的个体，由于破坏了蚁群的生命周期，会受到惩罚甚至被处决。通过一系列精心设计的实验，研究者把两个不同的粗角猛蚁群放到一起，一个是典型的单克隆群体，另一个则是实验室里由两种不同的遗传背景（它们有不同的父母）混合而成的杂合蚁群。结果表明，单克隆蚁群胜过了杂合蚁群，原因显然是杂合蚁群里出现了许多不工作、只产卵的个体。这些雌性的行为扰乱了蚁群正常的繁殖周期，因此降低了整体的生长效率。

日本琉球大学的土畑重人和辻和希独立进行了一个类似的研究，他们使用的是另一个单克隆蚂蚁物种——刻纹棱胸切叶蚁（*Pristomyrmex punctatus*），并得到了类似的结果。该物种没有蚁后，所有的工蚁都参与产卵，并抚育后代长大。与没有蚁后的粗角猛蚁群体一样，产卵不会对这种蚂蚁的个体带来什么好处。所有未成熟个体的遗传基因都是一样的，所有后代都在奉行平等主义的社会里长大。每一只工蚁都是潜在的母亲，同时也是所有其他母亲的拷贝。在野外，蚁群会被来自其他蚁穴的具有不同遗传背景的工蚁渗透。这些外来的工蚁会作弊：它们会比本蚁穴的蚂蚁产下更多的卵，而且逃避劳动。在实验室里，作弊的工蚁总体上产生了更多后代。但如果一个群体里全都是作弊者，那么它们都无法留下任何后代。

我们能从这个奇怪的现象里总结出什么呢？亲缘关系在刻纹棱胸切叶蚁里的重要性仅限于：单克隆蚁群中的工蚁母亲能够识别出来自其他蚁群的蚂蚁，知道谁是外来移民。当作弊者入侵另一个蚁群的蚁穴时，它们就好像是社会的寄生虫，巧取豪夺另一个物种的劳动成果。鸟类中有一个类似的例子，就是杜鹃鸟，它们会把蛋偷偷下到其他鸟类的巢里。

2001年，亚利桑那大学的帕特里克·阿博特（Patrick Abbot）及其同事首次报告了在真社会性蚜虫里也有类似的现象。他们研究的这些物种会形成高度组织化的群落，甚至会形成士兵等级。它们也是单克隆群体，因此社会等级不是由亲缘关系塑造的。其中，至少有一个物种（学名 *Pemphigus obesinymphae*），它的群落并不总是纯种的单克隆，而是常常混进其他群落入侵者的后代。这些入侵者就像是寄生虫，它们自己不去承担守卫家园的危险任务；相反，它们会改变自己的生理特征，自顾自地繁殖后代。

社会生物学研究融合了博物学与遗传学，在其发展史上，研究者不断地从社会性生物的生命周期里发现这些令人惊讶的新规律，而且发现的速度越来越快。其中最引人注目、最富教益的是社会性黄蜂中的排队繁殖（reproductive queue）现象，这是由拉加文德拉·加德卡尔（Raghavendra Gadagkar）及其同事发现的，他们来自位于印度班加罗尔的印度国家科学院。研究者发现，阔边铃腹胡蜂（*Ropalidia marginata*）的群落虽然从外部看来社会组织关系很简单，但实际上有一套复杂的合作规则。一个铃腹胡蜂群落里的所有工蜂，从生理上而言，都可以繁殖后代，然而它们都臣服于在任的蜂后。在这个例子里，统治者并不是攻击性最强的个体，也不是优势等级（dominance hierarchy）[1]的首领。尽管如此，蜂后仍然在蜂群里独揽了产卵权。可以说，铃腹胡蜂处于一种仁慈专制（benevolent autocracy）的社会中。一旦蜂后被移除，其

---

[1] 优势等级是一类群的一些成员以相对有序和持久的模式对另一些成员形成自然控制的现象，又称首领等级。——编者注

中一个工蜂就会暂时地对其他同胞表现出强烈的攻击性。几乎没有其他工蜂会挑战它的这些表演。一旦稳定下来，新的蜂后重新变得温和，表现出母仪天下的气质。它的卵巢开始发育，并准备产卵。于是，它成了独一无二的生殖母体。如果它死去或者被研究者移出蜂群，很快就有另外一只工蜂填补上来，对新工作似乎驾轻就熟。当这个继任者离开，又会有新的工蜂上位，以此类推，有条不紊。蜂群好像是沿着（在人类看来）神秘的法定继承人顺序，和平地进行权力交接。

研究发现，每一只新任蜂后跟其他工蜂的亲缘关系都不是最近的；事实上，它往往是最年长的那一只。整个过程似乎是由调停人信息素（peacemaker pheromone）参与完成的。因此，王室的继承顺序也就体现了一种群体层次的适应。这套秩序几乎避免了一切暴力的、毁灭性的冲突。它同时也降低了蜂群内部陷于无政府状态和被外来胡蜂篡权上位的风险。理论上来说，铃腹胡蜂群可以是永生的，不过，由于环境的变迁，它们实际上活不了很久。

另外，从一支独立起源的较为原始的真社会性黄蜂那里，人们也发现了一种性质完全不同的自然选择，它可能也是在群体层次安静地发挥着作用。有一项研究发现，在自然界中观察到的 19 个这样的物种里，单独活动的蜂后，无论是在蜂巢内还是在外觅食，都面临着很高的风险。研究者监测多个研究样本后发现，38%～100% 的奠基蜂后（foundresses）在第一批后代孵化出来之前会死于非命。在另一项研究中，研究者发现，在至少两个黄蜂物种里，*Liostenogaster fralineata* 和 *Eustenogaster fraterna*，一旦奠基蜂后死去，那些失去首领的助手工蜂（helpers），无论它们与蜂后是否有亲缘关系都会继续抚育原蜂后留下的后代，直至后者成熟。与此同时，这些助手也开始产卵，留下自己的后代。于是，通过真社会性的延续，它们就为所有的合作者创造出了一种"上了保险"般的优势。

随着研究者对动物社会的探索日益深入，社会生物学家们也发现了更多的演化路径，其中一些非常惊人，甚至可以说有点怪诞。有些种类的蜘蛛就具备这样的奇异现象。研究真社会性的科学家，一度希望有朝一日可以发现具有真社会性的蜘蛛。目前人们知道，起码在两种独立演化起源的物种里，社会性蜘蛛会分享同一张巨大的蛛网，但是这些物种里并没有出现专职繁殖和专职工作的等级。

不过，这些共享一张网的蜘蛛，的确会表现出"性格"差异，而这明显是由群体选择维系的。这种现象出现在阿内蛛属（*Anelosimus*）里。这种蜘蛛广泛分布在世界各地，并且具有丰富的地区多样性。它们属于姬蛛科（Theridiidae），这个科里还包括黑寡妇蜘蛛。像它们臭名昭著的远亲那样，这类蜘蛛的腹部往往有色彩鲜艳的图案。不过，更引人注目的是那些会形成蛛群的物种：上千只饥肠辘辘又通力合作的母蜘蛛，悬挂在一张巨大的蛛网上，这简直就是蜘蛛恐惧症患者的噩梦。来自匹兹堡大学的乔纳森·N. 普鲁伊特（Jonathan N. Pruitt）和他的合作者发现，在新世界物种栉足蛛（*Anelosimus studiosus*）形成的蛛群里，母蜘蛛包括两种不同"性格"的群体。第一种更富侵略性，会积极参与捕获猎物、搭建蛛网、保卫蛛群；第二种则相对温顺，主要参与照顾幼蛛，包括保护大个的球形卵块。更富侵略性的母蜘蛛能更有效地捕获食物或驱逐入侵者，而更温顺的母蜘蛛则更擅长照顾许多幼蛛。它们的性格差异似乎在一定程度上是由遗传差异引起的，不

图 7 一群社会性蜘蛛（栉足蛛）捕捉到了一只大甲虫，开始分享食物，图中同时展示了两种"性格"的蜘蛛：远处的负责捕猎，近处的照顾球形卵块

群体选择指的是自然选择作用于那些规定了社会性状的等位基因（同一个基因的不同形式）。那些被自然选择青睐的社会性状，牵涉到群体内的个体间的互动，包括群体最初的形成过程。当由同一个物种组成的不同群体竞争的时候，它们成员的基因就会受到筛选，自然选择就驱动着社会演化向上或向下发展。通过博物学观察和实验室研究，众多研究者对这个过程做了详尽的记录。

过，这两种蜘蛛仍然相处得比较和谐。

使用栉足蛛进行科学研究的优势在于，研究者可以从自然界中的特定地点收集蜘蛛个体，并按照不同的性格比例重新组合蛛群，然后把新的蛛群留在原地，或者放在环境不同的其他地点，再来观察它们会如何适应。这样，普鲁伊特和他的同事就能考察群体选择的出现过程。结果是正面的：无论是在原始地点，还是在新的地点，人造蛛群内的侵略性个体与温顺个体的相对比例，在两代之后都变得跟自然状态下一致。

最后，在白蚁和它们可能的直系祖先身上，我们终于有机会直接观察到群体选择的效果：跨越了重重障碍，迈进彻底的真社会性。

该研究领域内的专家普遍同意，白蚁是蟑螂的后裔。演化生物学家则纠正说，这两个密切相关的昆虫来自一个共同的祖先。尽管如此，由于它们的演化发生顺序非常接近，我认为可以说白蚁就是社会性的蟑螂。

在现存的各种蟑螂中，与白蚁最接近的是隐尾蠊属（*Cryptocercus*），其体形较大，靠吃木头为生，分布在北美洲、俄罗斯东部和中国西部。它们的外表很像马达加斯加嘶鸣蟑螂（*Gromphadorhina*），经常被用于实验室研究，也经常在好莱坞恐怖电影中作为吓唬人的"害虫"出镜。

隐尾蠊在蟑螂之中属于个头比较大的。它们的避险法不是火速逃离天敌，就像我们在厨房里常见到的"小强"那样，而是依赖于它们厚厚的几丁质盔甲的被动保护。它们携带着厚重的外骨骼，前段身体像一面盾牌，脚上有刺毛，走路的节奏也颇有派头。它们把家安在死去的树干或树枝里，并一直守卫着它。北卡罗来纳州立大学的克里斯蒂娜·纳勒帕（Christine Nalepa），最近综合了解剖学与遗传学的证据，证明隐尾蠊与白蚁在生活方式和社会行为方面有相似性。她指出，与现代的白蚁类似，这些蟑螂也依赖着其肠道内的特化细菌或其他微生物。这些共生菌能消化朽木里的纤维素，并与昆虫宿主分享其分解产物。此外，隐尾蠊和白蚁都会把分解之后的木质成分从肛门排出来，其中一部分用于喂养它们的幼虫。

　　　　　　　　　　创世记：从细胞到文明，社会的深层起源

隐尾蠊的群体类似于白蚁社会，事实上都必须把肠道内消化木头的共生菌群传给下一代。隐尾蠊会组成典型的家庭，父母照顾孩子，直到孩子长大成熟，也成为父母。白蚁，作为统治昆虫世界的物种之一，也有家庭，但是性质完全不同。大多数白蚁的后代并不会成为父母；相反，它们会成为工蚁，来帮助父母和其他姊妹工蚁。换言之，它们组成了一个不断生长的群体。于是，复杂度最高的社会组织——真社会性群体存在的条件出现了。其中的个体被捆绑在一起，组成单一的生殖单元。在隐尾蠊群体里，社会生活主要是由个体层次的选择塑造的；白蚁群落则更上一层楼，组成了主要由群体选择塑造的复杂社会。

这就引出了一个多年来困扰着社会生物学的重大争论。它起源于英国生物学家约翰·伯顿·桑德森·霍尔丹（J. B. S. Haldane）。在 20 世纪 50 年代，他设计并发表了一个思想实验。

这位伟大的科学家，在设想后来被称为亲缘选择的情境时，用下面这个思想实验阐述了他的想法。假设你看到一个人溺水了，如果要救他，你自己就有 10% 的可能会淹死。让我们假定，你体内规定了社会行为的基因完全主宰了你。如果这个溺水的人是一个陌生人，那就不值得冒着10%失去生命（以及体内全部基因）的危险去救他。即使你成功了，你的基因也不会因为你的冒险而受益。不过，如果这个溺水的人是你的兄弟，他体内有一半的基因跟你的一样，这种情况下，就值得冒着10%失去自身基因的危险去救人了。换言之，从基因的角度来看，在基于自然选择的演化过程中，最重要的是权衡清楚再去救人。

在设想这个情境时，霍尔丹意识到了亲缘选择有可能演化出利他主义行为，继而产生像蚂蚁与人类群体里的真社会性，而且它依赖于施惠与受惠者之间密切的亲缘关系。亲缘关系越近，它们共享的基因就越多，它们自己就有更多的基因可能传给下一代。有一个关于霍尔丹的疑似杜撰的说法："他愿意为他的八个表兄弟或两个亲兄弟献出生命。"

1964年，英国的遗传学家威廉·D. 汉密尔顿（William D. Hamilton）提出，亲缘选择可能是真社会性起源的一个关键因素。他提出了亲缘选择的一个公式，来表明即使一个性状不利于普通的个体选择，但只要它给群体内其他成员带来的收益（记为 B），乘以成员之间的亲密程度（记为 R），大于自己所付出的成本（记为 C），这个性状就会在群体里保留下来。于是就有了所谓的"汉密尔顿法则"（Hamilton's Rule），记为 BR-C＞0，它描述了真正的利他主义能够演化所需满足的条件。

像在物理学里那样，以一个公式来表达社会演化中的一个复杂的进程，看起来是一件了不起的事情（当然，在今天看来，可能不算什么了），这为"一般性汉密尔顿法则"（HRG）带来了非同寻常的关注度，也促进了它的传播，而且在今天的社会生物学与演化理论的入门课程里依然有人会提到它。不幸的是，随着时间的流逝，我们逐渐认识到了这个理论的致命弱点。数学家和受过数学训练的演化生物学家，越来越坚定地拒斥一般性汉密尔顿法则。他们认为作为一个科学论断，这个法则既不准确，也说不上有用。比如，马丁·A. 诺瓦克（Martin A. Nowak）、亚历克斯·麦卡沃伊（Alex McAvoy）、本杰明·艾伦（Benjamin Allen）和我在《美国科学院院报》发表的一篇文章里写道：

对一般性汉密尔顿法则的数学探索揭示出三个令人震惊的事实。第一,从逻辑上说,一般性汉密尔顿法则无法在任何情况下做出任何预测,因为我们无法提前知道收益(B)和成本(C)。它们依赖于有待预测的数据。在实验开始之前,效益和成本都是未知的,因此,我们也无法得知汉密尔顿法则会做出何种预测。一旦实验结束,一般性汉密尔顿法则做出事后总结,得出收益和成本的数值:如果关心的性状增加了,那么BR-C就为正值;反之,如果关心的性状减少了,那么BR-C就为负值。但是,这些所谓的"预测"仅仅是对已经收集到的数据进行重新组合而已,而且数据里已经包含了一项性状是增加还是减少的信息。特别是,收益与成本参数取决于性状平均值的变化。

第二,一般性汉密尔顿法则做出的仅仅是事后回顾,并不是基于成员之间的亲密程度或者种群结构的其他方面的。对汉密尔顿法则的一种常见解释是,亲密程度(R)量化了种群结构,而收益和成本刻画了一项性状的性质。但是推导表明,这种解释是错的。全部三项数值,亲密

创世记:从细胞到文明,社会的深层起源

程度、收益和成本，都是种群结构的函数，而 BR-C 的总值函数却独立于种群结构。这是因为在计算 BR-C 时，个体之间相互作用的信息都彼此抵消了。

第三，对于一般性汉密尔顿法则，我们无法设计出任何实验来进行检验（或证伪）。所有可输入的数据，无论它们是来自生物学还是其他领域，总是与一般性汉密尔顿法则吻合。这种吻合反映的不是自然选择的后果，而只是陈述了在多元线性回归（multivariate linear regression）中斜率之间的关系。在统计学领域，这种关系早在 1897 年就已经为人所知了。

汉密尔顿提出的另一个抽象概念——他称之为"广义适合度"——则更加空洞。该概念将汉密尔顿法则的应用范围从个体之间扩展到群落全体成员，表示整体在多大程度上受益于所有的互动。虽然有几位尽职尽责的"广义适合理论家"，形成了一个小小的学派，为"广义适合度"辩护，但他们从未在真实世界里测量过它，哪怕在假想情境里它也未能成功。

我承认，也有可能是批评广义适合度理论及应用的人——包括我和其他几人——犯了错，未来有一天，也许会有人测量出或至少间接地估测出广义适合度。在那种情况下，汉密尔顿对亲缘选择的发展将会被证明是对社会生物学的一大贡献。但是，就目前来说，要推进对社会起源的理解，我们还是必须依赖传统（也是迄今为止最为有趣的）方式，即通过野外调查和实验室探索，从大量的数据里披沙拣金，最后做出归纳。

第七章

人类的故事

在过去近 4 亿年的时间里，无数的大型动物（"大型"
大致可以定义为体重达到或超过 10 千克）在陆地上出现、演
化，然后灭绝或被后来者取代。有多少物种出现过，又有多
少消失了？请允许我大胆地做一次不太专业的推测。根据化
石证据，一个物种与其子代物种（daughter species）的生命周
期加起来有 100 万年；如果我们保守地假定历史上曾同时存
在 1 000 种这样的大型动物，那么（也许！）在地球的生命史
上总共出现过约 5 亿种这样的动物。

　　在如此众多的动物里，只有一种达到了高度的智力和社
会组织水平。但有了这次孤立事件，地球上的一切都改变了。
从此以后，再也没有其他动物能与之竞争。胜利者是来自旧
世界的一种极其幸运的灵长类动物。这次转变的发生地是非

洲东部和南部，它们的栖息地是广袤的热带稀树草原和半荒漠戈壁。时间距今 30 万年到距今 20 万年。

其实，在距今 600 万年到距今 500 万年发生的几个关键事件，已经预示了人类的起源。那时候，有一种猿类演化成了两个物种，这两支后来又继续分化出更多的物种，其中一支发展出了当代的智人，而另外一支发展出了今天的两种黑猩猩，一种是普通的黑猩猩（*Pan troglodytes*），另一种是更小、更类似人类的倭黑猩猩（*Pan paniscus*）。

这两种不断演化的动物都开始把主要（而非全部）的生存场所转移到地面上。不过，原始人类要比原始黑猩猩走得更远。原始黑猩猩可以勉强只靠后腿行走，或者连同上肢以指关节着地（knuckles dragging）、四肢并用地奔跑。在起码 440 万年前，目前已知的最古老的人类祖先，地猿始祖种（*Ardipithecus ramidus*），开始靠着变长的后腿行走，同时保留了长臂以及在树上攀爬、移动的能力。

自从向地面生存迈出了第一步，地猿始祖种或者与它非

　　　　　　　　创世记：从细胞到文明，社会的深层起源

图 8　非洲灵长类动物在观察其改变世界的竞争对
手——一群猎人——穿越稀树草原

人类起源于非洲稀树草原里的一支南方古猿，其迈向真社会性的路径跟其他动物基本一致。社会演化的主要驱动力之一是群体之间的竞争，其中不乏激烈的冲突。要实现抵达人属层次的最后一步飞跃，需要同时具备三个条件：（1）要有较大的脑；（2）要有稀树大草原上频繁发生的闪电引发的火，使人得以利用和控制这些火；（3）要从一个密切合作的群体里获益。

常类似的一个物种，就逐渐演化成了南方古猿（*Australopithe-cus*）。与地猿始祖种相比，南方古猿的解剖结构更接近于现代人类，而且也更善于直立行走。伴随着这种突破，南方古猿的整个身体也被自然选择重新塑造，以更好地服务于直立体态。它们的腿变得更长、更直，脚也变得更长，移动时更节约能量。骨盆也变形成为空心的碗状，以支撑内脏。从地猿始祖种开始，身体的重心就到了腿部以上，而不是像黑猩猩和其他类人猿那样，重心还在腹部和脊椎。

随着身体开始直立和外表逐渐近似人类，南方古猿分化为多个物种。在 350 万年前到 200 万年前，可能最多有 4 种不同的南方古猿（阿法南方古猿、羚羊河南方古猿、近亲南方古猿和平脸南方古猿）以及跟它们很接近的肯尼亚人属（*Kenyanthropus*），同时在东非和中非存在过。根据目前可以辨别出的支离破碎的遗迹，这些南方古猿属物种似乎是由演化生物学家所说的适应辐射（adaptive radiation）[1] 而产生的。它们的牙齿和下颌表现出了不同的坚固程度，这反映了不同

---

[1] 适应辐射，指物种扩展、歧化进入不同生态位（如捕食者捕获不同类型的猎物和占有不同的生态位）并占有相同地区或至少共同占有一些重叠地区的进化过程。——编者注

物种专一地适应于它们摄入的食物。总体而言，它们的牙齿和下颌骨相对于头骨的比例越大、越重，它们就能摄入越粗糙的植物。

适应辐射能在较短的时间内产生出多种关系密切的物种，这往往能够降低竞争，并允许更多的物种在同一地区共存。当这些物种接触的时候，它们的解剖结构和行为模式往往会进一步发生分化，使竞争弱化。这种现象也叫性状替换（character displacement），在人类演化的过程中可能发挥了重要作用。

理解物种形成的过程，以及理解由此而来的部分杂交、性状替换、适应辐射，可以帮助我们解释在大多数人类祖先的遗骸中发现的一些复杂变异。其中就有人属的最早的几个成员，包括能人和近期在格鲁吉亚的德马尼西（Dmanisi）发现的古人类头骨，以及最近在南非发现的纳勒迪人（*Homo naledi*）。另外一个可能会得到解决的难题是，尼安德特人、丹尼索瓦人与智人是什么关系？它们是如何起源，如何相互竞争的？

演化生物学里还有一个原则，叫作"复合演化"（composite evolution），可以帮助我们更好地理解早期人类的演化。物种之间的"缺失环节"，无论是最原始的还是最高级的，往往都像是镶嵌图案：某些部分的解剖结构会比其他部分的更高级。原因在于，不同性状的演化速率往往不同。一个惊人的例子是在新泽西沉积层里发现的来自中生代的蚂蚁化石，这也是目前已知最古老的蚂蚁化石，距今约 9 000 万年，比之前的记录提前了 2 500 万年。这些中生代的蚂蚁祖先或者近似祖先像是一副拼图，整体特征介于始祖蜂种与此后出现的第一种蚂蚁之间。特别是，它的颚跟黄蜂的类似，而腰部和后胸腹板（metapleural gland）跟蚂蚁的更相像，触角则介于黄蜂与蚂蚁的之间。作为第一个研究这种化石的人，我把它命名为"蜂蚁"（*Sphecomyrma*）。

　　在原始人类里，有一个例子很好地说明了复合演化，这就是纳勒迪人。2015 年，研究人员在南非的启星洞（Rising Star Cave）发现了大量的化石。纳勒迪人的某些身体部位，特别是手、脚和部分头骨，类似于现代人类。不过，它们的大脑偏小，和橙子相仿，脑容积介于 450 ~ 550 毫升，更接近黑猩猩而不是现代人，类似于其他南方古猿。

　　纵观人类的演化史，最重要的一个事件就是能人的出现，这发生在 300 万年前到 200 万年前。原始的人类开始进入森林，并向草地与稀疏的干旱树林夹杂的大草原拓展。原始人类，包括南方古猿和早期的人属，在饮食的选择上也出现了变化：它们从几乎完全依赖于碳三植物，包括树和灌木丛（这一点仍然很像现代黑猩猩），逐渐转向碳四植物，包括热带大草原和沙漠里常见的草类、苔类和肉质植物[1]。

　　南方古猿栖息的主要地盘，不仅植被不同，而且生态系统的其他基本特征也有所差异。由于地形变得更加开阔，它们更容易发现并追踪大型动物，更容易逃避天敌猛兽，也能够更自由、更高效地越野穿行。

　　非洲热带稀树草原还有另一个固有特征，对于人类的出现也许更为重要：那里的闪电经常会在地上留下火种。一旦

---

[1] 肉质植物，仙人掌科、景天科等具肥厚多浆肉质器官（茎、叶或根）植物的统称。——编者注

大风吹起，野火燎原，死去的动物尸体也就成了烧好的食物。拾荒者可能有更多的机会大快朵颐，包括各种比蜥蜴和老鼠大的动物的肉。食物来源，哪怕只是增加一点，也会带来很大的收益。总而言之，对于能量摄入不足的生物来说，肉类是最好的食物，因为它的能量密度要比蔬果类更高。

今天的黑猩猩会在它们的领地内成群行动，同时采集水果和其他蔬菜。一旦找到一棵有水果的树，它们就会呼唤同伴。成群的雄性黑猩猩也会通力配合，捕杀长尾猴，它们偶尔还会跟群体里的其他成员分享生肉，不过，肉类在它们的食谱里只占很小的一部分。

一群南方古猿，或许是迫于竞争压力，不得不更多地搜寻新的被野火烧过的土地，越来越依赖于捡来的肉，以此补充其以植物为主的食谱。如果它们能够建好营地，之后有的负责出外侦察、捕猎，有的负责守卫营地和照顾幼儿，那么捡拾熟肉和捕猎就能进一步增加它们的能量摄入。

虽然就一些细节和程度问题，许多人类学家和生物学家还没有达成共识，但在我看来，由于各种生态要素已经齐全，脑自此就开始快速生长和演化了。从本质上说，人类进步到真社会性的路径跟另外几种哺乳动物（比如非洲野狗）完全一致。它们都要先建立巢穴，有些群体成员担负起防卫的职责，另外一些才可以去狩猎和觅食。等到狩猎和采集者回来，它们就会跟整个群体分享食物。这种适应带来了合作与劳动分工，而且依赖于较高水平的社会智力。

关于另外一些情境，许多科学家已达成共识。大约在100万年前，原始人类学会了有控制地使用火。有了火把，原始人类可以把闪电带来的火种带到其他营地，这为我们祖先各个方面的生存赋予了极大的优势。火可以用来惊吓并围捕更多的动物，从而获得更多的肉类。那些在灌木丛里被烈火烧死的动物往往也被烤熟了。对茹毛饮血的原始人而言，烤熟的肉、肌腱和骨头，由于变得更容易处理和消化，带来了深远的影响。在后来的演化过程中，人类的咀嚼与消化系统变得偏爱煮熟的肉类和蔬菜。从此以后，烹饪成了全人类共有的一个特征。有了烹饪，人们就开始分享食物，这也是建立社会关系的一种非常有效的方式。

创世记：从细胞到文明，社会的深层起源

自古以来，能随身携带的火种一直都是一项极为重要的资源，堪比肉类、水果和武器。树枝和一捆柴火可以闷燃好几个小时。有了肉、火和烹饪，营地就可以维持好几天的时间，值得作为一个遮风挡雨的地方保护起来。这样的一个"巢穴"（nest）——在动物学里就是这么叫的，在所有其他已知的动物里，就是实现真社会性的前奏了。目前，考古学家发现的营地及其配备品的遗迹和化石，最早可以追溯到直立人，它们的脑容积介于能人与现代智人之间。

伴随着围火而居的生活方式，出现了劳动分工。这是一件顺理成章的事情。首先，群体内已经有了自发形成优势等级的倾向。其次，由于性别和年龄的不同，群体内的成员之间本来就有差异。再次，在每个小群体里，每个人的领导能力也不一样，而且也不是每个人都喜欢待在营地里。于是，像其他真社会性动物社会一样，有了这些前适应，出现复杂的劳动分工就是水到渠成了。

在此之后，一个复杂的生物学器官——脑——迅速演化，速度之快，史无前例。从南方古猿到能人，脑容积一直维持在大约 400 ～ 500 毫升；到了直立人（智人在欧洲和亚洲的直系祖先）那里，脑容积增加到 900 毫升；而到了现代，我们人类的脑容积达到了 1 400 毫升或更多。

群体选择对于人类社会的起源和演化发挥了重要作用，虽然其中也牵涉个体层次的选择。要梳理目前我们关于人类起源的知识，或者起码是我们自认为正确的知识，我们需要先来考虑一些更为初级的社会性动物，即我们的远亲：黑猩猩和倭黑猩猩。文化对它们的本能行为影响甚微。这些非洲的类人猿生活在群体里，成员数目最多可达 150 只，它们一起保卫领地，而且往往是通过暴力的手段。每个群体里都有灵活组合在一起的小团体，往往包括 5 到 10 只成员。在大群体和小团体内部，往往会有攻击行为，在小团体之间尤其如此。在个体层次，雄性往往是挑衅的发起者，它们的目的是为自己和小团体争夺地位和支配权。

群体内的年轻雄性往往会结成帮派，执行边境突袭的任务，目的显然是杀死或者驱逐邻居并占领新地盘。密歇根大学的约翰·米塔尼（John Mitani）和他的合作者，在乌干达

创世记：从细胞到文明，社会的深层起源

的奇巴莱（Kibale）国家公园见证了黑猩猩在自然条件下的完整侵略过程。这场战争，或者更准确地说是一系列边境突袭，持续了 10 年的时间。

令人感到恐怖且离奇的是，整场运动就像是人类所为。每隔 10 到 14 天，就有多达 20 只雄性黑猩猩组成的游击队潜入敌方领地，以一个纵队的形式悄悄前进；它们会对地面和树梢仔细侦察，只要一听到风吹草动就按兵不动。如果遇到了比它们更强大的力量，这些入侵者就慌乱地逃回自己的地盘。不过，如果遇到一只独自活动的雄性黑猩猩，它们就会把它团团围住，殴打致死。如果遇到了雌性，它们往往会放它一条生路。当然，这种宽容并不是为了展示对异性的风度。如果它还带着幼崽，它们就会夺过来，杀死并吃掉它。最后，由于这种长期、残酷的压迫，敌方的黑猩猩选择了离开，于是入侵的帮派就吞并了这些领地，它们控制的地盘面积因此增加了 22%。

许多人类学家提出了一个非常合理的假说：黑猩猩在边境的突袭和杀戮是侵略性的一种非常规表现，它们是因为目睹了人类的恶劣行为，包括砍伐黑猩猩领地里的树木、带来传染病、猎杀黑猩猩为食，才变得这么残酷的。另一些人类学家则依据演化生物学提出了不同的解释，他们认为，黑猩猩的残暴行为是由遗传决定的一种适应，是独立演化出来的，与人类的影响无关。

2014年，一个由30位人类学家和生物学家组成的国际研究团队，汇总了所有的黑猩猩杀戮事件报告。他们发现，90%以上的攻击都是由雄性发起的，2/3的攻击发生在不同的群体之间，而不是在群体内的小团体之间。在不同的黑猩猩群体之间，冲突的激烈程度有很大的差异，但是，这些差异与周边的人类活动差异没有相关性。我们可以直接观察到，在边界冲突里获胜的一方，其生存和繁殖水平都有所上升。换言之，黑猩猩之间的战争驱动了群体选择。

在人类社会里，致死性暴力事件是如此常见，说明这是我们这个物种的一种适应性本能。暴力事件不仅在世界各地都会出现，而且致死率跟黑猩猩群体之间的战争也不相上下。表1展示了一些支持数据。

表1　关于因战争引起的成人死亡比例的考古学与人种学证据

地点	考古学证据（按2008年计算的距今时间）	战争引起的成人死亡比例
英属哥伦比亚（30处）	5 500年前—334年前	0.23
努比亚（位点117）	14 000年前—12 000年前	0.46
努比亚（靠近位点117）	14 000年前—12 000年前	0.03
乌克兰，瓦西里夫卡	11 000年前	0.21
乌克兰，沃洛什卡	旧石器时代晚期	0.22
加利福尼亚州南部（28处）	5 500年前—628年前	0.06
加利福尼亚州中部	3 500年前—500年前	0.05
瑞典（斯格特赫尔摩1号）	6 100年前	0.07
加利福尼亚州中部	2 415年前—1 773年前	0.08
印度北部，沙拉那哈尔雷	3 140年前—2 854年前	0.30
加利福尼亚州中部（2处）	2 240年前—238年前	0.04
尼日尔，戈波若	16 000年前—8 200年前	0.00
阿尔及利亚，卡隆纳塔	8 300年前—7 300年前	0.04
法国，德维艾克岛	6 600年前	0.12
丹麦，伯根贝肯	6 300年前—5 800年前	0.12

地区，族群	民族志证据（时间）	战争引起的成人死亡比例
巴拉圭东部，阿荷 *	接触（1970）之前	0.3
委内瑞拉–哥伦比亚，夏威 *	接触（1960）之前	0.17
澳大利亚东北部，莫宁根 *†	1910—1930	0.21

地区，族群	民族志证据（时间）	战争引起的成人死亡比例
玻利维亚-巴拉圭，阿越热‡	1920—1979	0.15
澳大利亚北部，蒂维§	1893—1903	0.10
加利福尼亚州北部，莫多克§	"土著时代"	0.13
菲律宾，卡西古兰阿加塔*	1936—1950	0.05
澳大利亚北部，安巴拉*†#	1950—1960	0.04

* 觅食，† 海事，‡ 季节性觅食或种植，§ 定居并进行狩猎-采集，# 最近定居

资料来源：Samuel Bowles, "Did warfare among ancestral hunter-gatherers affect the evolution of human social behaviors?" *Science* 324(5932): 1295 (2009)。原始参考文献未列出。

　　根据关于狩猎-采集社会的一些考古发现和极少数幸存于现代的狩猎-采集部落，我们可以推测人类的起源过程。人们生活的部落主要由亲属组成，他们通过血缘关系和姻缘关系与其他部落联系起来。他们都忠诚于所属的部落，当然，这种忠诚不是绝对的，偶尔也会发生谋杀和复仇事件。对于其他部落，他们往往会猜疑、恐惧，偶尔怀有敌意。致死性暴力事件经常发生。在殖民者入侵之前，澳大利亚有一些原住民，他们为此提供了很好的证据。特拉维夫大学的研究者阿扎·加特（Azar Gat）曾写道："澳大利亚是唯一由狩猎-采集社会组成的大陆。我们从澳大利亚的原住民那里发现了大量

的证据，它们以惊人的方式表明了人类中的致死性暴力，包括族内斗争，在社会的各个水平上都存在，无论人群密度大小，无论社会组织程度高低，无论生存环境好坏。"

虽然从单纯打斗的角度看，人类部落之间的冲突跟黑猩猩之间的冲突差别不大，不过，在个体的层次上，人类部落的行为则更为复杂、更有组织。拿破仑·A. 沙尼翁（Napoleon A. Chagnon）和其他人类学家，在亚马孙盆地北部的雅诺马马（Yanomamö）部落详细考察了这类冲突，丰富了我们的认识。领地性的暴力侵略，往往发生在临近的村庄之间，因此，那些人口少于 40 的部落往往维系不了多久。随着个人之间的关系越来越复杂，亲属群体的结构也开始变得模糊。来自不同村庄的个体会结成联盟，他们往往年纪相仿，而且还是远亲。如果他们一起杀过人，就会得到一个称号，形成一个特殊的等级，叫作乌诺卡伊（unokai），他们往往也会到同一个村庄里生活。

这种联盟的亲密程度和组织过程，彰显了人类的社会结构与黑猩猩或其他社会性灵长类动物的不同。但是，由此形成的组织，并未削弱群体水平的竞争在驱动人类社会演化过程中的重要性。恰恰相反，完全有理由认为，在人类历史的文化演化中，这样的联盟是有优势的。法国蒙彼利埃大学的马克西姆·德雷（Maxime Derex）及其合作者通过数学模型表明，在遗传与文化的协同演化（coevolution）中，群体规模和社会复杂水平会彼此促进。群体规模越大，出现创新的机会就越大，公共知识退化得就越慢，文化多样性也保留得更充分、更长久。

越来越多的古生物学家认为，我们这个物种以及我们的标志性特征——巨大的记忆容量——是在非洲营地的篝火旁塑造出来的。这件事的源头是熟肉。如上文所述，一开始是闪电带来了火，烧死了野生动物，原始的猎人捡到熟肉并分享，到了后来，人们可以在部落之间传递火种。烧熟的肉是一种高能量、易消化的食物，也方便迁徙的部落携带。这促进了部落成员的聚集，有利于成员之间的社交和劳动分工。为了整个群体而进行的合作与利他行为，是通过心智的演化实现的。社会智力（social intelligence）[1] 成了头等大事。

---

[1] 社会智力是指个体理解他人及与他人相处的能力。——编者注

　　　　　　　　　　创世记：从细胞到文明，社会的深层起源

图 9　朱霍安斯部落成员在讲故事

从能人开始的原始人类在篝火旁都谈些什么，我们已经无从可考。不过，根据现存的某些狩猎–采集社会里的谈话，我们还是可以大致推测出早期人类的谈话内容。令人意外的是，虽然这些证据如此重要，但研究者直到最近才开始细致地分析这些对话。人类学家波莉·W. 维斯纳（Polly W. Wiessner）记录了南非的朱霍安斯部落（Ju/'hoansi）的对话，揭示了"白天谈话"与"夜晚谈话"的差异。白天的谈话，主要是关于食物采集、资源分配和其他经济问题；夜晚的谈话，则主要是讲故事，有些是真人真事，有些则是意在激发想象的虚构故事，后者很容易就演变成唱歌、跳舞和宗教对话。在白天，只有6%的谈话是故事，几乎不谈神话；到了晚上，大部分谈话内容，大约有81%，都是故事，而另外有4%的神话。[1]

在傍晚，一群人围在自家的篝火旁，准备晚餐。吃完晚饭，夜色降临，白天紧绷的神经也放松下来，有闲情逸致的人就来到篝火旁，谈天、唱歌或者跳舞。有些晚

---

[1] 原文数据有误，译文根据原始文献做了校正，参见 https://www.pnas.org/content/111/39/14027。——译者注

　　　　　　　　创世记：从细胞到文明，社会的深层起源

上来的人较多，有些晚上人较少。谈话的重心也发生了转移，白天关于生计问题的讨论和对他人的抱怨被放在一旁，在晚上，81% 的较长对话都是故事……

无论男女都讲故事，特别是那些更年长的、更会讲故事的人。部落首领经常都会讲故事，当然也不尽然。在 20 世纪 70 年代，这个部落里最会讲故事的是两位盲人，他们因为幽默感和口头表达技巧而广受追捧。故事提供了一个双赢的局面：那些会讲故事的人，随着故事的流传，很可能会赢得人们的尊重；而那些听故事的人，不仅度过了愉快的时光，而且没费太大力气就间接学来了别人的经验。由于讲故事对于认识和结交自己部落之外的人是如此重要，使用语言来传达感情和彰显品格的能力可能就会受到强烈的社会选择。

自从最早的人属物种出现之后，原始人的脑容积就在不断增长，其进行社交互动的时间很可能也在不断增加。牛津大学的罗宾·I. M. 邓巴（Robin I. M. Dunbar）已经推测出了这种增加的趋势。他从现存的猴子和类人猿里发现了两种相关性：第一，彼此梳理毛发的时间跟群体的规模有关；第二，类人猿的群体规模与脑容积有关。这种方法虽然费时费力，但我们可以据此推断：在南方古猿和人属物种中，存在着"必要的社交时间"。一开始是每天 1 小时，到了早期人属，就是每天 2 小时，到了现代人类，则是每天 4 ~ 5 小时。简言之，更长的社交时间，是人类演化出更大的脑和更高智力的关键。

参考文献与拓展阅读

第一章 寻找创世记

Darwin, C. 1859. *On The Origin of Species* (London: John Murray).

Haidt, J. 2012. *The Righteous Mind: Why Good People Are Divided by Politics and Religion* (New York: Pantheon Books).

Ruse, M. and J. Travis, eds. 2009. Evolution: *The First Four Billion Years* (Cambridge, MA: Belknap Press of Harvard University Press).

Standen, E. M., T. Y. Du, and H. C. E. Larsson. 2014. Developmental plasticity and the origin of tetrapods. *Nature* 513(7516): 54–58.

West-Eberhard, M. J. 2003. *Developmental Plasticity and Evolution* (New York: Oxford University Press).

Wilson, E. O. 2014. *The Meaning of Human Existence* (New York: Liveright).

Wilson, E. O. 2015. *The Social Conquest of Earth* (New York: Liveright).

第二章 演化史上的大转变

An, J. H., E. Goo, H. Kim, Y-S. Seo, and I. Hwang. 2014. Bacterial quorum sensing and metabolic slowing in a cooperative population. *Proceedings of the National Academy of Sciences*, USA 111(41): 14912–14917.

Maynard Smith, J. and E. Szathmáry. 1995. *The Major Transitions of Evolution* (New York: W. H. Freeman Spektrum).

Miller, M. B. and B. L. Bassler. 2001. Quorum sensing in bacteria. *Annual Review of Microbiology* 55: 165-199.

Wilson, E. O. 1971. *The Insect Societies* (Cambridge, MA: Belknap Press of Harvard University Press).

第三章　大转变的两难问题及其解决之道

Boehm, C. 2012. *Moral Origins: The Evolution of Virtue, Altruism, and Shame* (New York: Basic Books).

Graziano, M. S. N. 2013. *Consciousness and the Social Brain* (New York: Oxford University Press).

Haidt, J. 2012. *The Righteous Mind: Why Good People Are Divided by Politics and Religion* (New York: Pantheon Books).

Li, L., H. Peng, J. Kurths, Y. Yang, and H. J. Schellnhuber. 2014. Chaos-order transition in foraging behavior of ants. *Proceedings of the National Academy of Sciences*, USA 111(23): 8392–8397.

Pruitt, J. N. 2013. A real-time eco-evolutionary dead-end strategy is mediated by the traits of lineage progenitors and interactions with colony invaders. *Ecology Letters* 16: 879–886.

Ruse, M., ed. 2009. *Philosophy After Darwin* (Princeton, NJ: Princeton University Press).

Wilson, E. O. 2014. *The Meaning of Human Existence* (New York: Liveright).

Wright, C. M., C. T. Holbrook, and J. N. Pruitt. 2014. Animal personality aligns task specialization and task proficiency in a spider society. *Proceedings of the National Academy of Sciences*, USA 111(26): 9533–9537.

第四章　追踪漫长的社会演化过程

Darwin, C. 1859. *On The Origin of Species* (London: John Murray).

Dunlap, A. S. and D. W. Stephens. 2014. Experimental evolution of prepared learning. *Proceedings of the National Academy of Sciences*, USA 11(32): 11750–11755.

Hendrickson, H. and P. B. Rainey. 2012. How the unicorn got its horn. *Nature* 489(7417): 504–505.

Hutchinson, J. 2014. Dynasty of the plastic fish. *Nature* 513(7516): 37–38.

Maynard Smith, J. and E. Szathmáry. 1995. *The Major Transitions in Evolution*

(New York: W. H. Freeman Spektrum).

Melo, D. and G. Marroig. 2015. Directional selection can drive the evolution of modularity in complex traits. *Proceedings of the National Academy of Sciences*, USA 112(2): 470–475.

Standen, E. M., T. Y. Du, and H. C. E. Larsson. 2014. Developmental plasticity and the origin of tetrapods. *Nature* 513(7516): 54–58.

West-Eberhard, M. J. 2003. *Developmental Plasticity and Evolution* (New York: Oxford University Press).

第五章 迈进真社会性的最后几步

Bang, A. and R. Gadagkar. 2012. Reproductive queue without overt conflict in the primitively eusocial wasp *Ropalidia marginata*. *Proceedings of the National Academy of Sciences*, USA 109(36): 14494–14499.

Biedermann, P. H. W. and M. Taborsky. 2011. Larval helpers and age polyethism in ambrosia beetles. *Proceedings of the National Academy of Sciences*, USA 108(41): 17064–17069.

Cockburn, A. 1998. Evolution of helping in cooperatively breeding birds. *Annual Review of Ecology, Evolution, and Systematics* 29: 141–177.

Costa, J. T. 2006. *The Other Insect Societies* (Cambridge, MA: Belknap Press of Harvard University Press).

Derex, M., M-P. Beugin, B. Godelle, and M. Raymond. 2013. Experimental evidence for the influence of group size on cultural complexity. *Nature* 503(7476): 389–391.

Evans, H. E. 1958. The evolution of social life in wasps. *Proceedings of the Tenth International Congress of Entomology* 2: 449–451.

Hölldobler, B. and E. O. Wilson. *The Ants* (Cambridge, MA: Belknap Press of Harvard University Press).

Hunt, J. H. 2011. A conceptual model for the origin of worker behaviour and adaptation of eusociality. *Journal of Evolutionary Biology* 25: 1–19.

Liu, J., R. Martinez-Corral, A. Prindle, D-Y. D. Lee, J. Larkin, M. Gabalda-Sagarra, J. Garcia-Ojalvo, and G. M. Süel. 2017. Coupling between distant biofilms and emergence of nutrient time-sharing. *Science* 356(6338): 638–642.

Michener, C. D. 1958. The evolution of social life in bees. *Proceedings of the Tenth*

International Congress of Entomology 2: 441–447.

Nalepa, C. A. 2015. Origin of termite eusociality: Trophallaxis integrates the social, nutritional, and microbial environment. *Ecological Entomology* 40(4): 323–335.

Pruitt, J. N. 2012. Behavioural traits of colony founders affect the life history of their colonies. *Ecology Letters* 15: 1026–1032.

Rendueles, O., P. C. Zee, I. Dinkelacker, M. Amherd, S. Wielgoss, and G. J. Velicer. 2015. Rapid and widespread de novo evolution of kin discrimination. *Proceedings of the National Academy of Sciences*, USA 112(29): 9076–9081.

Richerson, P. 2013. Group size determines cultural complexity. *Nature* 503(7476): 351–352.

Rosenthal, S. B., C. R. Twomey, A. T. Hartnett, H. S. Wu, and I. D. Couzin. 2015. Revealing the hidden networks of interaction in mobile animal groups allows prediction of complex behavioral contagion. *Proceedings of the National Academy of Sciences*, USA 112(15): 4690–4695.

Szathmáry, E. 2011. To group or not to group? *Science* 334(6063): 1648–1649.

Wilson, E. O. 1971. *The Insect Societies* (Cambridge, MA: Belknap Press of Harvard University Press).

Wilson, E. O. 1975. *Sociobiology: The New Synthesis* (Cambridge, MA: Belknap Press of Harvard University Press).

Wilson, E. O. 1978. *On Human Nature* (Cambridge, MA: Harvard University Press).

Wilson, E. O. 2008. One giant leap: How insects achieved altruism and colonial life. *BioScience* 58(1): 17–25.

Wilson, E. O. and M. A. Nowak. 2014. Natural selection drives the evolution of ant life cycles. *Proceedings of the National Academy of Sciences*, USA 111(35): 12585–12590.

第六章　群体选择

Abbot, P., J. H. Withgott, and N. A. Moran. 2001. Genetic conflict and conditional altruism in social aphid colonies. *Proceedings of the National Academy of Sciences*, USA 98(21): 12068–12071.

Abouheif, E. and G. A. Wray. 2002. Evolution of the gene network underlying wing polyphenism in ants. *Science* 297(5579): 249–252.

Adams, E. S. and M. T. Balas. 1999. Worker discrimination among queens in newly founded colonies of the fire ant *Solenopsis invicta*. *Behavioral Ecology and Sociobiology* 45(5): 330–338.

Allen, B., M. A. Nowak, and E. O. Wilson. 2013. Limitations of inclusive fitness. *Proceedings of the National Academy of Sciences*, USA 110(50): 20135–20139.

Avila, P. and L. Fromhage. 2015. No synergy needed: Ecological constraints favor the evolution of eusociality. *American Naturalist* 186(1): 31–40.

Bang, A. and R. Gadagkar. 2012. Reproductive queue without overt conflict in the primitively eusocial wasp *Ropalidia marginata*. *Proceedings of the National Academy of Sciences*, USA 109(36): 14494–14499.

Birch, J. and S. Okasha. 2015. Kin selection and its critics. *BioScience* 65(1): 22–32.

Boehm, C. 2012. *Moral Origins: The Evolution of Virtue, Altruism, and Shame* (New York: Basic Books).

Bourke, A. F. G. 2013. A social rearrangement: Genes and queens. *Nature* 493(7434): 612.

De Vladar, H. P. and E. Szathmáry. 2017. Beyond Hamilton's rule. *Science* 356(6337): 485–486.

Gat, A. 2018. Long childhood, family networks, and cultural exclusivity: Missing links in the debate over human group selection and altruism. *Evolutionary Studies in Imaginative Culture* 2(1): 49–58.

Haidt, J. 2012. *The Righteous Mind: Why Good People Are Divided by Politics and Religion* (New York: Pantheon Books).

Hölldobler, B. and E. O. Wilson. 2009. *The Superorganism: The Beauty, Elegance, and Strangeness of Insect Societies* (New York: W. W. Norton).

Kapheim, K. M. et al. 2015. Genomic signatures of evolutionary transitions from solitary to group living. *Science* 348(6239): 1139–1142.

Linksvayer, T. 2014. Evolutionary biology: Survival of the fittest group. *Nature* 514(7522): 308–309.

Mank, J. E. 2013. A social rearrangement: Chromosome mysteries. *Nature* 493(7434): 612–613.

Nalepa, C. I. 2015. Origin of termite eusociality: Trophallaxis integrates the social, nutritional, and microbial environments. *Ecological Entomology* 40(4): 323–335.

Nowak, M. A., A. McAvoy, B. Allen, and E. O. Wilson. 2017. The general form of Hamilton's rule makes no predictions and cannot be tested empirically. *Proceedings of the National Academy of Sciences*, USA 114(22): 5665–5670.

Oster, G. F. and E. O. Wilson. 1978. *Caste and Ecology in the Social Insects* (Princeton, NJ: Princeton University Press).

Pruitt, J. N. 2012. Behavioural traits of colony founders affect the life history of their colonies. *Ecology Letters* 15: 1026–1032.

Pruitt, J. N. 2013. A real-time eco-evolutionary dead-end strategy is mediated by the traits of lineage progenitors and interactions with colony invaders. *Ecology Letters* 16: 879–886.

Pruitt, J. N. and C. J. Goodnight. 2014. Site-specific group selection drives locally adapted group compositions. *Nature* 514(7522): 359–362.

Rendueles, O., P. C. Zee, I. Dinkelacker, M. Amherd, S. Wielgoss, and G. J. Velicer. 2015. Rapid and widespread de novo evolution of kin discrimination. *Proceedings of the National Academy of Sciences*, USA 112(29): 9076–9081.

Ruse, M. and J. Travis, eds. 2009. *Evolution: The First Four Billion Years* (Cambridge, MA: Belknap Press of Harvard University Press).

Science and Technology: Ecology. 2015. Pack power. *The Economist* 30 May: 79–80.

Shbailat, S. J. and E. Abouheif. 2013. The wing patterning network in the wingless castes of myrmicine and formicine species is a mix of evolutionarily labile and non-labile genes. *Journal of Experimental Zoology (Part B: Molecular and Developmental Evolution)* 320: 74–83.

Silk, J. B. 2014. Animal behaviour: The evolutionary roots of lethal conflict. *Nature* 513(7518): 321–322.

Teseo, S., D. J. Kronauer, P. Jaisson, and N. Châline. 2013. Enforcement of reproductive synchrony via policing in a clonal ant. *Current Biology* 23(4): 328–332.

Thompson, F. J., M. A. Cant, H. H. Marshall, E. I. K. Vitikainen, J. L. Sanderson, H. J. Nichols, J. S. Gilchrist, M. B. V. Bell, A. J. Young, S. J. Hodge, and R. A. Johnstone. 2017. Explaining negative kin discrimination in a cooperative mammal society. *Proceedings of the National Academy of Sciences*, USA

114(20): 5207–5212.

Tschinkel, W. R. 2006. *The Fire Ants* (Cambridge, MA: Belknap Press of Harvard University Press).

Wang, J., Y. Wurm, M. Nipitwattanaphon, O. Riba-Grognuz, Y-C. Huang, D. Shoemaker, and L. Keller. 2013. A Y-like social chromosome causes alternative colony organization in fire ants. *Nature* 493(7434): 664–668.

Wilson, D. S. and E. O. Wilson. 2007. Rethinking the theoretical foundation of sociobiology. *Quarterly Review of Biology* 82(4): 327–348.

Wilson, E. O. 1971. *The Insect Societies* (Cambridge, MA: Harvard University Press).

Wilson, E. O. 2008. One giant leap: How insects achieved altruism and colonial life. *BioScience* 58(1): 17–24.

Wilson, E. O. 2012. *The Social Conquest of Earth* (New York: Liveright of W. W. Norton).

Wilson, M. L. et al. 2014. Lethal aggression in *Pan* is better explained by adaptive strategies than human impacts. *Nature* 513(7518): 414–417.

Wright, C. M., C. T. Holbrook, and J. N. Pruitt. 2014. Animal personality aligns task specialization and task proficiency in a spider society. *Proceedings of the National Academy of Sciences*, USA 111(26): 9533–9537.

第七章　人类的故事

Aanen, D. K. and T. Blisseling. 2014. The birth of cooperation. *Science* 345(6192): 29–30.

An, J. H., E. Goo, H. Kim, Y-S. Seo, and I. Hwang. 2014. Bacterial quorum sensing and metabolic slowing in a cooperative population. *Proceedings of the National Academy of Sciences*, USA 111(41): 14912–14917.

Antón, S. C., R. Potts, and L. C. Aiello. 2014. Evolution of early *Homo*: An integrated biological perspective. *Science* 345(6192): 45.

Barragan, R. C. and C. S. Dweck. 2014. Rethinking natural altruism: Simple reciprocal interactions trigger children's benevolence. *Proceedings of the National Academy of Sciences*, USA 111(48): 17071–17074.

Bateman, T. S. and A. M. Hess. 2015. Different personal propensities among scientists relate to deeper vs. broader knowledge contributions. *Proceedings of the National Academy of Sciences*, USA 112(12): 3653–3658.

Boardman, J. D., B. W. Domingue, and J. M. Fletcher. 2012. How social and genetic factors predict friendship networks. *Proceedings of the National Academy of Sciences*, USA 109(43): 17377–17381.

Boehm, C. 2012. *Moral Origins: The Evolution of Virtue, Altruism, and Shame* (New York: Basic Books).

Botero, C. A., B. Gardner, K. R. Kirby, J. Bulbulia, M. C. Gavin, and R. D. Gray. 2014. The ecology of religious beliefs. *Proceedings of the National Academy of Sciences*, USA 111(47): 16784–16789.

Brown, K. S., C. W. Marean, Z. Jacobs, B. J. Schoville, S. Oestmo, E. C. Fisher, J. Bernatchez, P. Karkanas, and T. Matthews. 2012. An early and enduring advanced technology originating 71,000 years ago in South Africa. *Nature* 491(7425): 590–593.

Cockburn, A. 1998. Evolution of helping in cooperatively breeding birds. *Annual Review of Ecology, Evolution, and Systematics* 29: 141–177.

Crockett, M. J., Z. Kurth-Nelson, J. Z. Siegel, P. Dayan, and R. J. Dolan. 2014. Harm to others outweighs harm to self in moral decision making. *Proceedings of the National Academy of Sciences*, USA 111(48): 17320–17325.

Di Cesare, G., C. Di Dio, M. Marchi, and G. Rizzolatti. 2015. Expressing our internal states and understanding those of others. *Proceedings of the National Academy of Sciences*, USA 112(33): 10331–10335.

Dunbar, R. I. M. 2014. How conversations around campfires came to be. *Proceedings of the National Academy of Sciences*, USA 111(39): 14013–14014.

Flannery, K. V. and J. Marcus. 2012. *The Creation of Inequality: How Our Prehistoric Ancestors Set the Stage for Monarchy, Slavery, and Empire* (Cambridge, MA: Harvard University Press).

Foer, J. 2015. It's time for a conversation (dolphin intelligence). *National Geographic* 227(5): 30–55.

Gallo, E. and C. Yan. 2015. The effects of reputational and social knowledge on cooperation. *Proceedings of the National Academy of Sciences*, USA 112(12): 3647-3652.

Gintis, H. 2016. Individuality and Entanglement: *The Moral and Material Bases of Social Life* (Princeton, NJ: Princeton University Press).

Gómez, J. M., M. Verdu, A. González-Megías, and M. Méndez. 2016. The phylogenetic roots of human lethal violence. *Nature* 538(7624): 233–237.

González-Forero, M. and S. Gavrileta. 2013. Evolution of manipulated behavior. *American Naturalist* 182(4): 439–451.

Gottschall, J. and D. S. Wilson, eds. 2005. *The Literary Animal: Evolution and the Nature of Narrative* (Evanston, IL: Northwestern University Press).

Halevy, N. and E. Halali. 2015. Selfish third parties act as peacemakers by transforming conflicts and promoting cooperation. *Proceedings of the National Academy of Sciences*, USA 112(22): 6937–6942.

Heinrich, B. 2001. *Racing the Antelope: What Animals Can Teach Us About Running and Life* (New York: Cliff Street).

Hilbe, C., B. Wu, A. Traulsen, and M. A. Nowak. 2014. Cooperation and control in multiplayer social dilemmas. *Proceedings of the National Academy of Sciences*, USA 111(46): 16425–16430.

Hoffman, M., E. Yoeli, and M. A. Nowak. 2015. Cooperate without looking: Why we care what people think and not just what they do. *Proceedings of the National Academy of Sciences*, USA 112(6): 1727–1732.

Keiser, C. N. and J. N. Pruitt. 2014. Personality composition is more important than group size in determining collective foraging behaviour in the wild. *Proceedings of the Royal Society B* 281(1796): 1424–1430.

Leadbeater, E., J. M. Carruthers, J. P. Green, N. S. Rosen, J. Field. 2011. Nest inheritance is the missing source of direct fitness in a primitively eusocial insect. *Science* 333(6044): 874–876.

LeBlanc, S. A. and K. E. Register. 2003. *Constant Battles: The Myth of the Peaceful, Noble Savage* (New York: St. Martin's Press).

Liu, J., R. Martinez-Corral, A. Prindle, D-Y. D. Lee, J. Larkin, M. Gabalda-Sagarra, J. Garcia-Ojalvo, and G. M. Süel. 2017. Coupling between distant biofilms and emergence of nutrient time-sharing. *Science* 356(6338): 638–642.

Macfarlan, S. J., R. S. Walker, M. V. Flinn, and N. A. Chagnon. 2014. Lethal coalitionary aggression and long-term alliance formation among Yanomamö men. *Proceedings of the National Academy of Sciences*, USA 111(47): 16662–16669.

Martinez, A. E. and J. P. Gomez. 2013. Are mixed-species bird flocks stable through two decades? *American Naturalist* 181(3): E53–E59.

Mesterton-Gibbons, M. and S. M. Heap. 2014. Variation between self- and mutual assessment in animal contests. *American Naturalist* 183(2): 199–213.

Miller, M. B. and B. L. Bassler. 2001. Quorum sensing in bacteria. *Annual Review of Microbiology* 55: 165–199.

Muchnik, L., S. Aral, S. J. Taylor. 2013. Social influence bias: A randomized experiment. *Science* 341(6146): 647–651.

Opie, C. et al. 2014. Phylogenetic reconstruction of Bantu kinship challenges main sequence theory of human social evolution. *Proceedings of the National Academy of Sciences*, USA 111(49): 17414–17419.

Rand, D. G., M. A. Nowak, J. H. Fowler, and N. A. Christakis. 2014. Static network structure can stabilize human cooperation. *Proceedings of the National Academy of Sciences*, USA 111(48): 17093–17098.

Roes, F. L. 2014. Permanent group membership. *Biological Theory* 9(3): 318–324.

Suderman, R., J. A. Bachman, A Smith, P. K. Sorger, and E. J. Deeds. 2017. Fundamental trade-offs between information flow in single cells and cellular populations. *Proceedings of the National Academy of Sciences*, USA 114(22): 5755–5760.

Thomas, E. M. 2006. *The Old Way: A Story of the First People* (New York: Farrar, Strauss and Giroux).

Tomasello, M. 1999. *The Cultural Origins of Human Cognition* (Cambridge, MA: Harvard University Press).

Wiessner, P. W. 2014. Embers of society: Firelight talk among the Ju/'hoansi Bushmen. *Proceedings of the National Academy of Sciences*, USA 111(39): 14027–14035.

Wilson, E. O. 1975. *Sociobiology: The New Synthesis* (Cambridge, MA: Belknap Press of Harvard University Press), p. 39.

Wilson, E. O. 2012. *The Social Conquest of Earth* (New York: Liveright).

Wilson, E. O. 2014. *The Meaning of Human Existence* (New York: Liveright).

Wilson, M. L. et al. 2014. Lethal aggression in Pan is better explained by adaptive strategies than human impacts. *Nature* 513(7518): 414–417.

Wrangham, R. W. 2009. *Catching Fire: How Cooking Made Us Human* (New York: Basic Books).

Wrangham, R. W. and D. Peterson. 1996. *Demonic Males: Apes and the Origins of Human Violence* (Boston: Houghton Mifflin).

作者致谢

　　本书的成稿得益于许多人的贡献，我要对他们表示感谢，尤其感谢哈佛大学的凯瑟琳·M. 霍顿（Kathleen M. Horton）、利夫莱特出版公司的罗伯特·韦尔（Robert Weil）的建议与支持。我还要感谢詹姆斯·T. 科斯塔（James T. Costa），他对节肢动物从亚社会水平过渡到真社会阶段的演化过程进行了至关重要的整合。

译者致谢

感谢叶凯雄和司源夫妇提供了良好的度假环境，让我在一周的寒假里完成了大部分译稿。尤其感谢叶凯雄博士的审校，译稿得以进一步完善。感谢腊肠犬"雅典娜"（Athena）和金毛犬"快乐"（Happy）的支持和陪伴。

傅贺

2019 年 1 月，于美国佐治亚州雅典镇

创世记：从细胞到文明，社会的深层起源